青海西宁湟水国家湿地公园
自然教育课程设计丛书

二十四节气

杨出云　宋秀华　尤鲁青　主编

中国林业出版社

图书在版编目（CIP）数据

二十四节气 / 杨出云, 宋秀华, 尤鲁青主编. -- 北
京 : 中国林业出版社, 2023.6
（青海西宁湟水国家湿地公园自然教育课程设计丛书）
ISBN 978-7-5219-2231-8

Ⅰ.①二… Ⅱ.①杨… ②宋… ③尤… Ⅲ.①二十四
节气—青少年读物 Ⅳ.①P462-49

中国国家版本馆CIP数据核字(2023)第112698号

策划编辑：肖静
责任编辑：肖静　邹爱
装帧设计：北京八度出版服务机构
————————————

出版发行：中国林业出版社
　　　　（100009，北京市西城区刘海胡同 7 号，电话 83143577）
电子邮箱：cfphzbs@163.com
网址：www.forestry.gov.cn/lycb.html
印刷：北京中科印刷有限公司
版次：2023 年 6 月第 1 版
印次：2023 年 6 月第 1 次印刷
开本：787mm×1092mm　1/16
印张：8.5
字数：100 千字
定价：60.00 元

致 谢

　　中国科学院西北高原生物研究所、青海湖景区保护利用管理局，青海省三江源国家公园可可西里管理处、青海省气象服务中心、中国新闻气象网、中国气象局官方网站、中国日报双语新闻微信公众号、西宁晚报官方微信公众号、青海广播电视台1时间生活微信公众号、青海省体育局官方微信公众号、青海羚网微信公众号、中共玉州委宣传部（"玉树发布"微信公众号）、乌兰发布微信公众号等提供节气信息，西宁海阅文化艺术培训学校组织师生绘制节气图画和自然笔记本，以及青海省野趣教育科技公司提供设计服务。

　　马成龙、孙娇娇、王力、张琪、雍怡、陈璘、刘雪、张毓、连新明、高庆波、侯光良、刘思嘉、张钟月、吴永林、袁凤昆、尕玛英培、余培荣、宋仁德、曹倩、张丽娟、戴越、张海燕、顾焕佳、马本欢、瞿央卓玛、赵宇豪、马昕、康冠儒、林云凤、康丽霞、杨功安、陈鹏、马玉朝、王义生、张慧、李贵莹、王花、卡吉加、王宇航、莫海蓉、安蔚军、张琪祥、董明月、张东杰、田寒冬、白勇、张永寿、才让、阿如汗、察森孟赫、马俊、王格、裴爽、李理、李文庆、潘彦丽、杨川林、杨锦霞、甘晓英、贾正斌、阿保地、赵怀中、伍发奎、李才华、小英、刘航、张妮、赵惠惠、任宇昕、张语曦、霍静、李祎凡、俞文慧、武杰敏、邢雪娟、朱思语、朱思绮、南卡卓么、舒婉帼、贺哇麻尕、毕胜、栗冰、陈捷、陈苗、巴宇、杜俊泽、杜淋萱、李豪家、李汶书、刘春扬、鲁思辰、马若惜、闫晨熙、王清楠、王馨、杨馥瑜、杨青雯卉、钟光轩、朱瑞婷、李蔚、沙航、马子轩、赵寅皓、潘姿亦、邓朗毅、吴佳南、曹嘉恒、王晋毅、卢一凡、耿永娇、马雯瑜、张雅堂、王小军、严静怡、桔子小灯、王桂花、迟心罡、唐昊等老师和同学提供指导、图片、画作、节气信息和志愿服务。

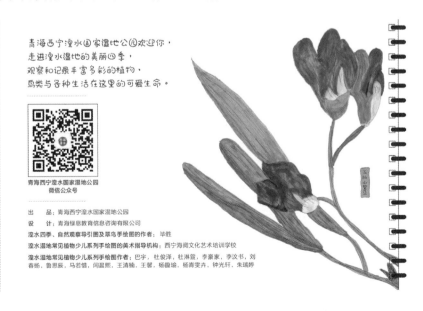

青海西宁湟水国家湿地公园欢迎你，
走进湟水湿地的美丽四季，
观察和记录丰富多彩的植物，
鸟类与各种生活在这里的可爱生命。

青海西宁湟水国家湿地公园
微信公众号

出　品：青海西宁湟水国家湿地公园
设　计：青海绿息教育信息咨询有限公司
湟水四季、自然观察导引图及萃鸟手绘图的作者：毕胜
湟水湿地常见植物少儿系列手绘图的美术指导机构：西宁海阅文化艺术培训学校
湟水湿地常见植物少儿系列手绘图作者：巴宇、杜俊泽、杜淋萱、李豪家、李汶书、刘春扬、鲁思辰、马若惜、闫晨熙、王清楠、王馨、杨馥瑜、杨青雯卉、钟光轩、朱瑞婷

编辑委员会

主　　编：杨出云　宋秀华　尤鲁青
副 主 编：徐　晶　文继德
参　　编：杨出云　宋秀华　尤鲁青　徐　晶
　　　　　文继德　谢顺邦　王发艳　孙文明
组织单位：青海西宁湟水国家湿地公园管理服务中心
　　　　　青海绿息教育信息咨询有限公司
　　　　　青海省环境教育协会

习近平总书记在黄河流域生态保护和高质量发展座谈会上强调："黄河文化是中华文明的重要组成部分，是中华民族的根和魂。要推进黄河文化遗产的系统保护，守好老祖宗留给我们的宝贵遗产。要深入挖掘黄河文化蕴含的时代价值，讲好'黄河故事'，延续历史文脉，坚定文化自信，为实现中华民族伟大复兴的中国梦凝聚精神力量。"

河湟谷地的生态保护与文化传承息息相关。青海省作为黄河的发源地，在黄河流域生态环境保护中责任重大，而河湟地区则是确保"一江清水向东流"的关键地区。黄河流域是中华文明的摇篮，黄河文化是一种在全世界都有重要影响的文明类型，它孕育了河湟文化、河套文化、中原文化、齐鲁文化等四大文化，其中，河湟文化居于黄河上游，在青海文明发展史上占据着举足轻重的历史地位。

河湟谷地对于建设黄河源头生态文明意义重大。当下在黄河流域的生态保护过程中，加强对黄河文明的研究，特别是对黄河文明与河湟文化的研究，讲好黄河故事，传承和发展河湟优秀文化，对于促进青海省的生态保护、发挥稳定平衡黄河上游生态系统等生态价值、生态文明的建设具有重要意义。

二十四节气是黄河文化中的优秀代表。诞生于黄河流域，是黄河文化中当之无愧的一颗璀璨明珠，也是联合国教育、科学及文化组织认定的人类非物质文化遗产。它在我国的传统农耕文化中占有重要位置，反映了漫长历史中黄河流域人们认识自然、利用自然、与自然和谐相处的伟大智慧，蕴含了中华民族悠久的文化内涵和历史积淀。

河湟谷地特色的二十四节气文化是黄河流域生态文明的重要组成部分。河湟谷地的人民根据本地的自然规律、环境特点和多元的文化，发展出了与本土相适应的二十四节气文化，至今它仍然在人们的生产、生活、精神文化中发挥着重要作用，对人们与自然和谐相处有着重要的启示作用。

风霜雨露藏秘密，花草鸟兽有答案。春天冰雪融化，草长莺飞；炎热的夏季中，繁茂的植物孕育果实；进入金秋，果实累累、黄叶纷落、北雁南飞、昆虫匿迹；接着

便是冬季风雪载途、大地沉寂。

年复一年出现的这些自然现象蕴藏着大自然的语言。几千年来，世界各地的人们发现了草木荣枯、候鸟来去等现象与气候之间的联系，把这些自然现象（包括动物的、植物的、气候的等）称为物候，他们积累了大量的关于物候的知识，并且据此安排自己的生产生活。到了近代，在世界上，观测、研究物候并且探索应用物候规律已经发展为一门科学——物候学。

为了促进生态保护、文化传承、建立民族文化自信，需要焕新优秀的传统生态文化，将其与青少年的学习生活联系起来。青海西宁湟水国家湿地公园是体验感受河湟节气景观与文化、开展本土自然教育不可多得的地点。在我们格外重视生态文明建设、注重黄河流域和青海省生态保护的今天，通过挖掘二十四节气的内涵和形式，使这一传统优秀生态文化以更科学准确的内容、更活泼新鲜的形式，拉近人与自然的关系，讲好黄河故事，吸引青少年儿童传承优秀的黄河文明，从而帮助他们更好地理解黄河生态价值和家乡文化，从美好自然的细微处建立民族文化自信，是作者开发本套读本和课程的诚挚初心与光荣使命。

编者

2023 年 2 月 4 日

前言

    青海省河湟文化二十四节气自然教育读本与课程的开发与调研历时 5 年，根植于优秀的中国传统文化，以青海河湟谷地二十四节气自然人文智慧为主要素材，结合本地自然特点与人文环境，创设了丰富的节气情境，设计了各节气的"节气读本"材料和"自然趣味活动"方案，兼顾培养学生的科学与人文素养，知识体系涉及天文、动植物、农学、工程、物理、化学、数学、地理、艺术、文学、历史、社会、体育等领域，适合学校、国家公园、国家湿地公园、各级自然保护区、自然教育机构、博物馆等面向小学三年级及以上年龄人群及家庭阅读与开展。

    希望这本书有机会成为很多孩子了解河湟文化、黄河文明、中华文明的一扇窗口。同时希望抛砖引玉，欢迎更多对河湟文化有研究、有热情的人不吝提供修改意见和建议，帮助青海的孩子们对家乡、对自然产生亲切而美好的印象，激发他们对家乡的热爱，成为家乡生态的保护者、青海生态文明的建设者、黄河文化的新一代传播者！

编者

2023 年 2 月 4 日

目录

 序

 前言

 青海省河湟文化二十四节气课程大纲

002

第一章——春季
河湟谷地孕育生机

第二章——夏季
绿色繁荣的河湟谷地

033

065

第三章 —— 秋季

缀满宝石的河湟谷地

第四章 —— 冬季

河湟谷地雪中休憩·孕育新生

095

青海省河湟文化二十四节气课程大纲

季节	节气	节气阅读	自然趣味活动
春季	立春	它带着春意的脚步走来了	立春到，春天就来了吗？
	雨水	雪落茶香，冬春回转	量量降水有多少？
	惊蛰	九九艳阳，万物向春	制作一个水果电池
	春分	"儿童散学归来早，忙趁东风放纸鸢"	春分到，蛋儿俏——竖蛋挑战赛
	清明	春和景明气清朗，风雨之后见彩虹	小小茶叶，载动文明
	谷雨	水润万物，雨生百谷	粮食从哪里来？
夏季	立夏	草木纷碧色，立夏雨离春	认识祁连山，认识河湟谷地
	小满	晴日麦气暖，欣欣向荣见丰年	发现身边的飞羽精灵
	芒种	芒种争时三夏紧，青梅煮酒送花神	小麦的一生
	夏至	北斗星移，夏至大美	用本土植物亲手做一个河湟香包
	小暑	高原无言，自然有爱	探秘黄河水中的"土著居民"
	大暑	金雨斛（hú）珠，果实初熟	我是云彩收集者
秋季	立秋	你好，秋天！	自然写生，定格大美
	处暑	秋天的童话	天上的星星会说话
	白露	露从今夜白，金风麦豆香	圆圆的水精灵
	秋分	秋分分的是什么？	河湟谷地的自然与美食
	寒露	凝光寒露黄河清	诗词中的节气
	霜降	不要只想着霜打的菜好吃呀	叶子为什么会变色？
冬季	立冬	温情脉脉的终结者	千奇百怪的种子
	小雪	来自大地和人类智慧的美味	看不见的魔法师
	大雪	雪中的国宝越千年	我也可以变出"雪"
	冬至	土火锅的满福，人间的金光时刻	创意九九消寒图
	小寒	冰与火之歌	寻踪湟水动物
	大寒	滑着冰玩着雪，就到春天啦！	雪中的国宝

湟水之春

Spring of Huang Shui

春

春季的湟水湿地，河冰渐融，大地回暖，降水增加，草木荫荫，春花绽放，冬候鸟翩翩离开，夏候鸟纷纷归来。

立春——白鹭立雪

雨水——冰河初融

惊蛰——春鸟知冷暖

春分——风筝伴花枝

清明——天清地朗

谷雨——柳丝织雨

第一章 春季

河湟谷地孕育生机

第一节 立春

立春，是二十四节气中的第一个节气，同时也是中国的传统节日，代表新一年的开始，正所谓"一年之计在于春"。

立春时节的河湟地区，冰雪还未消融

节气读本

立春——它带着春意的脚步走来了

每年的2月3~5日，我们会迎来节气之首——立春，它代表着二十四节气新一轮循环开始了，所以英语中的立春就是start of Spring，意为"春天的开始"。

古人认为春季的天地将越来越青翠，所以把司春之神叫作"青帝"，由于它来自东方，因此，立春时大家会穿上青色的衣服去东城门外隆重迎接它。

非常罕见的2月3日：立春通常是2月4日，但也有非常特殊的年份是在2月3日和5日。过去的123年里只有三个这样的"宝贝"，分别是2017年、2021年和遥远的1897年。不过，无论是3日、4日还是5日立春，都属于正常历法现象，应以一颗平常心来面对，不要轻信坊间迷信传闻。

王者岁首，四时之始：立春是二十四节气之首，是节气中当之无愧的"王者"，不过立春只是天文学意义上春季的开始。从气象学上来看，我国的北回归线以南有些地方已经春意融融、迎来温暖，北方地区却没有进入真正的春天。气象学的标准是连续5天日均温≥10℃就宣告进入春季。

立春这天，往往是"五九"的末尾，大家虽然感到不像"三九"时那么冷，但来自北方的冷高压还没有退去，青海仍然处在冬季。因此，我们可以在立春时观察到，在西宁湟水国家湿地公园里，一身白羽的大白鹭站在冰雪覆盖的湿地里准备捕食的优美场景。

立春早忙，丰收在望：过去有农谚说："春打'五九'尾，吃油像喝水"，意思是如果立春这天在"五九"的最后一天，当年的庄稼会长得特别好，大丰收会让大家的日子非常兴旺，甚至吃油就像吃水那么容易。当然，由于各地地理、气象条件不同，也会出现和这个农谚完全相反的说法。

但无论有什么样的传说，"预则立，不预则废"。一年之计在于春，开春的布局和准备对于个人的学习和生活、单位的工作规划和全年农耕都至关重要。

在青海，河湟谷地是黄河文明的重要组成部分，这里孕育了悠长璀璨的农业文明。河湟谷地的人们，在立春前后就开始准备春耕的肥料，趁着土地冻得硬实，赶快把它

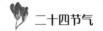
们运送到田间地头去。如果再晚一些时日，土中的冰雪消融、泥路难行，导致肥料不能及时送到，就会耽误春耕，影响一年的收成。

根据青海省农业农村厅2021年公布的数据，2016—2020年青海农村人抓紧粮袋、充实口袋，人均可支配收入年均增长9.2%，增速在全国都位于前列，这其中粮食产量增加和绿色农业的规模扩大功不可没，大丰收与2020年开春周密的生产计划息息相关。每个春天，都孕育着希望，我不负春光，盼春光待我也如是。

"青帝"乘着东风车驾，

缓缓朝西北而来。

这位不急不躁的信使，

却能消融冰雪，吹去厚实的棉衣。

青唐坚硬的冻土，已经感受到她的召唤。

快快应节而舞吧！

金子般的希望，就在眼前。

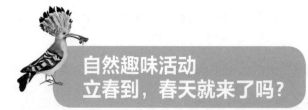

自然趣味活动
立春到，春天就来了吗？

立春时节的河湟谷地还时常下雪，小鸟在积雪上留下了爪痕

活动设计

活动框架		具体内容
主题		立春到，春天就来了吗？
设计意图		立春就代表春天来了吗，温度和节气之间有什么关系，这其中蕴含着哪些秘密呢？围绕这个核心问题，引导学生通过自主观察、实践了解，认识和会用温度计，激发学生探究日常生活中的科学秘密。了解河湟谷地与中国其他区域的气候差异。
活动目标		1.了解立春节气的基本知识； 2.了解温度计的基本科学知识，知道温度与节气的关系； 3.初步了解全球变暖对生态环境的影响，树立环保意识。
活动准备		液体温度计、气温计和体温计，温度变化记录图，冰水和量杯。
活动流程	准备阶段	1.展示立春相关图片，孩子用五感观察立春； 2.教师简单介绍河湟谷地的节气知识和立春习俗； 3.立春古诗欣赏。
	科学活动	1.了解温度计的种类和组成； 2.了解温度计的原理； 3.学会使用温度计； 4.温度辨春风（了解温度与季节的关系、平均气温、全球变暖等知识）； 5.课后拓展：测量10日气温。

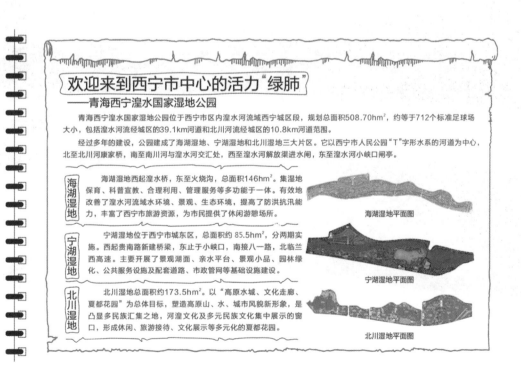

青海西宁湟水国家湿地公园概况

第二节　雨水

雨水，是二十四节气中的第二个节气，通常在正月十五的前后。它是反映降水的一个节气。二十四节气中同样反映降水的还有谷雨、小雪、大雪等节气。

雨水时节的青海东部，坚冰开始消融

雨水——雪落茶香，冬春回转

扑簌扑簌，是雪落的声音，雨水润天地，温柔始晨昏。一般在2月18～20日节气雨水翩翩而至。它是二十四节气中的第二位，代表着经历了寒冬的干燥后，降水即将增多；对我国中原地区来说，也意味着气温渐高，降水将从雪转化为雨。雨水的英文表达是rain water，也取自此意。

青藏高原上，冬季的告白漫长而深情，一般从每年9月底开始，绵延到第二年的3～5月。其中，每一个节气的寒冷与冰雪都自有它们不同的特质。可以在西宁湟水国家湿地公园观察到，从草木萧瑟、寒风疾起、飞雪频频到江湖封冻、降水减少、天地静默，再到雨水时节的冰雪渐消，杨柳的枝条表皮已经透出生命的青色，初融的小溪抑制不住欢快的汩汩水流，湿地中的鱼儿鸟儿觅食活动身姿轻盈，心急的英蒾开始萌出苞蕾。河湟谷地勤劳的农民趁冻土没有融化为软泥，加紧将肥料运到田间地头，还有很多人开始为家中的花草剪枝、培土、增肥，预约新一年的缤纷花期……万物复苏的时节里，青海在一步一步迈向春天的过程中不时会有降雪，正是唐代诗人韩愈在《春雪》中所描述的"白雪却嫌春色晚，故穿庭树作飞花"。

与此同时，江南正是梅红茶嫩的美好时节，梅花香雪海，新茶绿早春。中国人的茶文化源远流长，节气文明指导着几千年来各地茶叶的种植、采摘、制作，甚至什么季节喝什么茶、茶叶的品鉴艺术与文化和节气也有着密切的关系。青海作为茶马互市的重要通道和参与市场，在悠久历史长河中自然见证了茶叶与节气文明的发展与辉煌。

从南到北，我国的气候风土变化很大，一年中各地采茶的时间随之不同。

北方的12月正值白雪皑皑的寒冬，在我国最南端的茶叶种植地海南岛，茶农们已开始采摘当地特有的白沙绿茶，一月初加工，春节期间人们正好可以品尝到这来自亚热带的早春滋味。

立春后，靠北边一些的浙江乌牛早茶渐次进入采摘期，雨水前后大江南北的人们就能欣赏到它在杯中上下飞舞的清新绿意了。

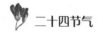

在这万物萌生、乍暖还寒的时节，一杯暖意融融的青海特色茯砖熬茶对我们的肠胃非常友好，暖气宜人，让人在充满阳光的香味中憧憬一年的欣欣向荣。

东与西，南与北，

千里婵娟，文化相连。

节气的文明，

绵延在小小的绿叶中。

茶马古道的辉煌，

重生于袅袅的香气。

高原上雪落下的声音，

是雨润天地的报晓，

亦是掌中一缕生命的绿光。

自然趣味活动
量量降水有多少？

河湟谷地雨水时节的主要降水形式是雪

活动设计

活动框架		具体内容
主题		量量降水有多少？
设计意图		雨水节气时青海尽管可能还在下雪，但是春雪和春雨都是降水，同样"贵如油"，直接影响着农作物的生长。怎么去衡量一场降水的多少呢？围绕这个核心问题，引导学生自制雨量器，并且意识到仪器测量比感官判断更准确，激发学生解决生活中问题的积极性。
活动目标		1.了解雨水节气的基本知识； 2.掌握降水、降水量的基本概念和划分标准，能看懂降水预报； 3.能选择合适材料设计出简易雨量器，并用它测量降水。
活动准备		喷壶，空塑料瓶，剪刀，白纸，水笔，刻度尺，双面胶，透明胶带，抹布，水槽，烧杯，滴管。
活动流程	准备阶段	1.欣赏雨水节气歌和杜甫的《春夜喜雨》； 2.开放趣味问答：探究青海本地节气现象。
	科学活动	1.认识雨量器； 2.制作雨量器； 3.测一测降水量； 4.为什么春雨/雪贵如油； 5.课后拓展：测量并记录15天内的降水量。

据调查，青海西宁湟水湿地公园中生物多样性丰富。

分布有植物40科113属146种。其中，最大的科为菊科和禾本科，菊科共26属32种，禾本科共15属26种，其次是豆科、藜科和毛茛科等。

人工种植的水生植物主要有睡莲、狭叶香蒲、水葱、水生鸢尾等，乔灌木主要有青海云杉、油松、祁连圆柏、白榆、青杨、银杏、龙爪柳、阿尔泰山楂、西府海棠、紫叶李、紫叶矮樱、无刺枣等。

公园中还有野生脊椎动物23目58科187种。其中，湿地鸟类高达152种，猛禽9种。属于国家一级重点保护野生动物有黑鹳、草原雕、白尾海雕3种，国家二级重点保护野生动物有红隼等19种。

青海西宁湟水湿地公园中的动植物种类数据

第三节　惊蛰

　　惊蛰是二十四节气中的第三个节气，它的名字特别有动态趣味，是反映自然物候现象的节气。青海河湟谷地乃至甘肃民间都有"惊蛰暖，全年热；惊蛰寒，冷半年"的说法，这反映了古人特别注重长期物候观察，有时拥有能够跨越三个月甚至半年来预测气候的自然智慧。

惊蛰时节的湟水国家湿地公园宁湖片区河面上，大块的冰已经融化

惊蛰——九九艳阳，万物向春

春雷响，万物长。"轰隆隆——"天边滚过第一声惊雷，我们和在洞里、地下沉睡的小虫子被它唤醒，伸个舒服的懒腰，开始进入忙碌的状态，所以先秦时期黄河流域的人们把每年的这个节气称作"惊蛰"。因为有了大自然声音带来的"惊"，惊蛰节气成了一幅生动活泼的画面，所以许多人觉得它才是春天的起始。公历每年3月5日或6日，时为惊蛰。惊蛰过后，南方很多地方开始播种，北方渐渐变得暖和。

春天的生命蛰伏已久，比以往都更渴望感受自然。对于青海，惊蛰时节有哪些和南方相同和不同的物候特征呢？根据这些天时地利，南方、北方人们的活动又有哪些不一样的地方呢？

九九艳阳天：很多小朋友都会背九九歌，从每年冬至开始就数九啦，第一个九天称作"一九"，第二个九天称作"二九"……等到惊蛰过去，恰好过了九个九天，也就是"九九"。这时候阳光特别明媚，故而称为"九九艳阳天"。今年惊蛰节气时，大家有没有观察一下天气呢？比如，可以去西宁湟水国家湿地公园里走一走，看看河面、植物、土壤有没有变化，闭上眼睛感受一下阳光；通过自己的感受或气温计和湿度计的测量将今天和雨水节气比较一下，气温和空气湿度有没有上升。虽然由于地理位置的缘故，河湟地区的第一声春雷比南方晚很多，大概要到5月初才会响起，但是不妨碍和南方朋友们一起享受艳阳天。

惊蛰暖，全年热；惊蛰寒，冷半年：南方的春天始自立春，惊蛰却是河湟地区春天的领头羊。它是特别重要的气候风向标：惊蛰这天如果风和日丽，当年河湟地区夏天可能会偏暖一些；如果惊蛰这天下雨或者阴天刮风，接下来半年河湟地区气温大概率会偏低，雨水也会比较多。大家可以回忆一下过去几年的情况：2018年，惊蛰这天西宁市小雨伴随冷风，当年没有气象学的夏天，并且7、8月雨水不断；2019年，惊蛰当天西宁雪花飘飘，最高气温只有6℃，直到8月才迎来一点夏天的暖意；2022年，惊蛰当天和风暖阳，以西宁市为代表的河湟地区进入了气象学的夏季并屡现与同期相比的高温天气。

其实不但青海有这样的规律，在邻居甘肃的大部分地区也有类似规律的谚语，比

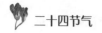

如"惊蛰冷,冷半年;惊蛰暖,暖春分"。大家可以注意观察今年惊蛰的天气情况,推测下今年夏天河湟地区会不会比较暖和呢?

希望的田野:按时而作,运肥整地打土块。惊蛰时,南方的农民开始在田里施肥、灌溉和防虫。大家一对比就会发现一个有趣的现象,因为南北气温条件不同,所以青海春季的农耕节奏要比南方推后一些。

在青海东部农业区,每年立春前后人们就开始做准备工作,把肥料运到田里,否则地气一暖,冰雪消融,运肥料的车子就很难拉到田里了。在惊蛰前后,虽然不像南方有惊雷的提醒,但是湟中、乐都等地的人们也会按照节气开始整地、打土块,为一年的农耕丰收辛勤劳动起来!而施肥种地则要等到清明时节进行。青海的农牧混合区农耕活动开展得还会再晚一些。

惊蛰以后,大家可以适当调整作息,比冬天时稍微早起一点,做些让人心情愉快的运动,特别是舒展和拉伸动作,来适应春天生机勃发的节奏。

> 惊蛰萌动,万物向好。
>
> 四季轮转,一年之计在于春。
>
> 从今天开始,大地又有了声音,渐渐五色缤纷。
>
> 世界和我们,不再蛰伏。
>
> 心中的希望,正在绽放勃勃生机。

自然趣味活动
制作一个水果电池

准备新鲜水果做电池

活动设计

活动框架		具体内容
主题		制作一个水果电池。
设计意图		惊蛰平地一声雷，震醒了冬天蛰伏地底的动物，万物复苏。雷电是自然界中的一种放电现象，我们的很多设备也都需要电池来持续充电。电池有很多种，除了常见的锂电池等，我们还可以用水果来做电池。激发学生对自然现象的好奇心和想象力、创造力。
活动目标		1.了解惊蛰节气的基本知识； 2.了解水果电池的原理； 3.激发好奇心、想象力和创造力，形成团队合作意识。
活动准备		柠檬，苹果，橙子，梨，果汁，电材料（导线、锌棒、铜棒、发光二极管）。
活动流程	准备阶段	1.展示惊蛰相关图片； 2.欣赏陶渊明的诗《拟古 其三》； 3.趣味问答，启发学生观察和思考惊蛰的物候。
	科学活动	1.讲解雷电的作用和电的科学史； 2.制作水果电池； 3.讨论和尝试不同的试验材料； 4.课后拓展：看看蔬菜是否能发电。

春季的青海西宁湟水国家湿地公园生机盎然

第四节　春分

　　春分是二十四节气中的第四个节气，代表着春季已经过完了一半。春分和秋分一样，这天太阳直射赤道，所以南北半球的白天和夜晚时间一样长，因此也有"春分秋分，昼夜平分"的说法。

春天的河湟地区天空越来越清爽

春分——"儿童散学归来早，忙趁东风放纸鸢"

咏柳

［唐］ 贺知章

碧玉妆成一树高，

万条垂下绿丝绦。

不知细叶谁裁出，

二月春风似剪刀。

春分三候

一候，玄鸟至，

二候，雷乃发声，

三候，始电。

轻轻地，轻轻地，春姑娘踏着温柔的步子走近了。春风起，风筝飞，清朝诗人高鼎所作《村居》这首诗中的名句"儿童散学归来早，忙趁东风放纸鸢"，正是发生在春分节气的场景，那就让我们来一起了解下这位特别的春天信使吧！

惊蛰节气之后的半个月中，随着太阳直射点继续向北移动，气温一点点上升，春天的气息越来越近。

在每年的3月19～22日，太阳直射地球赤道，标志着二十四节气中的第四个天文使者"春分"如约而至，天文学意义上的北半球之春，正式来到人间。

二十四节气里有两对有趣的"双胞胎"，其中一对就是春分和秋分（另一对双胞胎出生在夏天和冬天，我们以后会讲到它们的趣事）。为什么两个节气中间整整相隔着半年，却说它们是"双胞胎"呢？因为在这两天，太阳都会直射地球赤道，造成南北半球昼夜平分。无论此时你身处北半球的青藏高原，还是在南半球的澳大利亚，白天和夜晚的时间都是一样长，各为12小时。

中国古人非常重视这两个节气，"春分祭日，秋分祭月"。北京的日坛和月坛就是

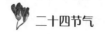

明清两代皇帝为春分、秋分专门设立的祭祀场所，至今在日坛公园和月坛公园还保留着一些殿宇、钟楼等相关的古建筑。

这对双胞胎之间有完全相反的特征：春分之后，因为太阳直射点继续向北移，白天越来越长；而秋分之后，随着太阳直射点远离北半球而去，白天会越来越短。所以我们要珍惜春分，因为这一天过后，意味着我们晚上睡觉的时间越来越短了。

这么重要的节气，又有哪些特别的活动和风俗呢？

春分到，蛋儿俏：中国人喜欢在春分这天"竖蛋"，选一只圆润的生鸡蛋，在平整的桌面上将它轻轻竖起来，看谁竖得稳、竖得多。这既是一项考验细心和耐力的游戏，又寄托了人们对于春天的希望。

其实科学实验发现，每天都可以竖起生鸡蛋，不过在春分时，因为多了地球的帮助，竖蛋就变得容易多了。这一天，地球地轴呈66.5度倾斜，与地球绕太阳公转的轨道平面处于一种力的相对平衡状态，因此，生鸡蛋的站立性最好。小朋友们可以在这天玩玩"竖蛋"，测试一下自己是不是心静、手巧呢？

河湟地区"过田社"：在青海东部河湟地区，除了继续准备春耕所需要的物料，部分家族社群还会从春分开始到清明节开展一项重要而特殊的习俗活动："过田社"，它是中国几千年来农耕文明的经典缩影之一。

田社，就是古代奉祀田神的处所。在古代中国的农业地区，祭祀田神（也就是大地之神）、春分时祭祀春天之神、清明时祭祀祖先，三个不同的节日各有所祭。

后来，在河湟地区的部分汉族社群中，逐渐将三节归一，内容上形成了以祭祖为主的"过田社"，时间上也从三个节日变成了从春分到清明的整个时间段。当其他地区慢慢遗忘了祭田神、祭春神的时候，河湟地区反而把它演变成为一个同时保留了古代三节意义的特殊节日活动。

"过田社"是家族团聚、共叙亲情的重要活动。祭祖后一家人会在田间山上野餐，场景正如唐代《社日村居》诗所咏的"桑柘影斜春社散，家家扶得醉人归"一样。

当大家有机会来河湟地区看到田社场景，是不是能理解，这些看似普通的活动，其实背后蕴藏着一些河湟谷地乃至中国农业文明的遗产呢？而这些文化现象又和自然现象、生产活动息息相关。二十四节气就像是关于它们的一个又一个的汇聚点，天时、地利、人和之间的相互关系总是能在各个节气中找到很多经典的例子。

春天脚步更近了：春分时节对于地处青藏高原边缘的河湟地区，气象学意义上的春天还没有真正到来（气象学对春季起始的定义，即每年连续5日日均气温≥10℃的第一天）。但季节变化是在每时每刻、一天一天中慢慢发生的。只要仔细观察和感受，一定可以收集到许多物候学上的春天讯息，比如，青海西宁湟水国家湿地公园的花草树木发芽、展叶、开花，还有这段时间气流变化频繁、风力和降水都有一定的增加。

感受到了春风召唤的小朋友们，可不要错过春姑娘提前送来的礼物，请和家人、朋友一起走到湟水河畔，打开五感体验春意，这是全家拥抱大自然、愉悦身心的好机会。

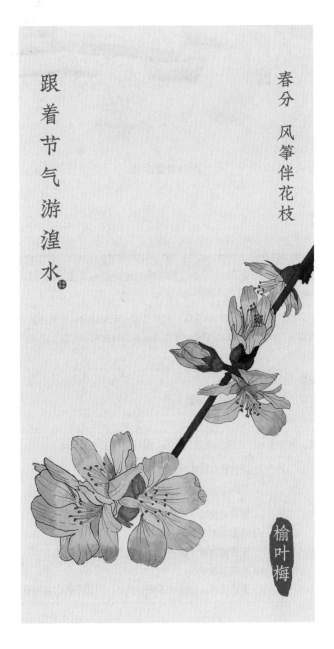

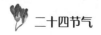

春分竖蛋游戏

 活动设计

活动框架		具体内容
主题		春分到，蛋儿俏——竖蛋挑战赛。
设计意图		春分时人们喜欢玩"竖蛋"的游戏。为什么这一天和秋分鸡蛋更容易竖起来呢？竖蛋成功和哪些因素有关？围绕这一核心问题，学生通过实践探索科学秘密，还可以亲手描绘一颗属于自己风格的彩蛋。
活动目标		1.了解春分节气的基本知识； 2.学习竖蛋的技巧，探究科学秘密； 3.绘制美丽的彩蛋。
活动准备		生鸡蛋，熟鸡蛋，放大镜，量筒，彩笔，鼠标垫，毛巾，玻璃。
活动流程	准备阶段	1.欣赏春分的相关图片； 2.了解春分时河湟谷地的物候和农业活动。
	科学和艺术活动	1.竖蛋初尝试； 2.鸡蛋有奥秘； 3.竖蛋挑战赛（探索和讨论在不同材料上竖蛋）； 4.彩蛋创意绘； 5.课后拓展：尝试在不同材质上，竖起不同动物的蛋比如鸭蛋。

湟水湿地二十四节气 风土志
湟水湿地节气观草木历

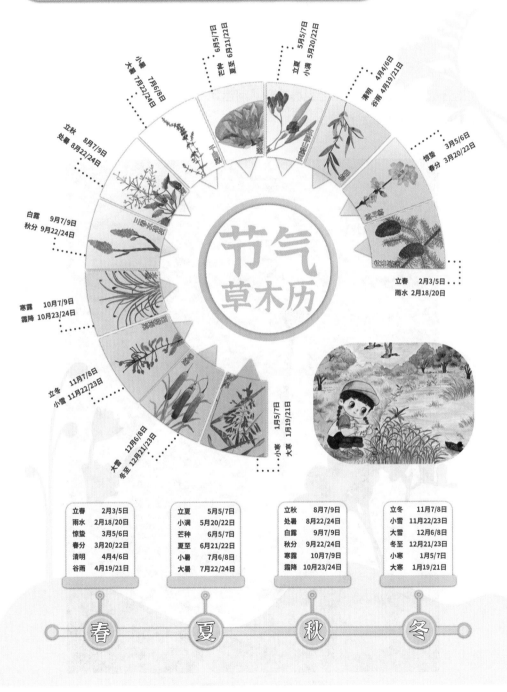

芒种 6月5/7日
夏至 6月21/22日

立夏 5月5/7日
小满 5月20/22日

小暑 7月6/8日
大暑 7月22/24日

清明 4月4/6日
谷雨 4月19/21日

立秋 8月7/9日
处暑 8月22/24日

惊蛰 3月5/6日
春分 3月20/22日

白露 9月7/9日
秋分 9月22/24日

节气
草木历

寒露 10月7/9日
霜降 10月23/24日

立春 2月3/5日
雨水 2月18/20日

立冬 11月7/8日
小雪 11月22/23日

小寒 1月5/7日
大寒 1月19/21日

小雪 12月6/8日
冬至 12月21/23日

立春	2月3/5日	立夏	5月5/7日	立秋	8月7/9日	立冬	11月7/8日
雨水	2月18/20日	小满	5月20/22日	处暑	8月22/24日	小雪	11月22/23日
惊蛰	3月5/6日	芒种	6月5/7日	白露	9月7/9日	大雪	12月6/8日
春分	3月20/22日	夏至	6月21/22日	秋分	9月22/24日	冬至	12月21/23日
清明	4月4/6日	小暑	7月6/8日	寒露	10月7/9日	小寒	1月5/7日
谷雨	4月19/21日	大暑	7月22/24日	霜降	10月23/24日	大寒	1月19/21日

春　　夏　　秋　　冬

第五节　清明

　　清明是二十四节气中的第五个节气，在我国清明节是一个重要的传统节日。清明前后，南方的各种新茶开始向全世界输送。河湟地区作为茶马古道中的一条重要通道，茶文化对这里的影响源远流长。

荚蒾是高原上早开花植物之一

节气读本

清明——春和景明气清朗，风雨之后见彩虹

晚春

［唐］ 韩愈

草木知春不久归，

百般红紫斗芳菲。

杨花榆荚无才思，

惟解漫天作雪飞。

清明三候

一候，桐始华，

二候，田鼠化为鹌，

三候，虹始见。

"'一九''二九'不出手，'三九''四九'冰上走，'五九''六九'河边看柳，'七九'河开，'八九'雁来，'九九'加'一九'，春牛遍地走。"从冬至开始数"九九"加"一九"，也就是第九十天结束的时候，就是清明了，它是春天的第五个节气。清明节气一般会在4月4~6日隆重到来，标志着天文学意义上的仲春开始转向暮春。从清明开始再过一个月，中间经过节气"谷雨"，天文学意义上的春季就结束了。

清明前后，我国大部分地区开始披上绿色的春装，花儿争相绽放，经过风雨的洗涤，初春的燥土慢慢停止飞扬，天空渐渐变得清澈，因此，人们为这个节气取名"清明"。它兼具自然与人文两大内涵，既是自然的二十四节气之一，也是一个重要的人文传统节日。清明节在2006年经国务院批准列入《第一批国家级非物质文化遗产名录》。

我叫"候"，请看我72变：古代的劳动人民根据对大自然的细致观察和总结，把每个节气划分成了更细小的"候"，每五天叫作一候，那么十五天（三候）就是一个节气。请算一算，二十四节气一共由多少候组成呢？

古人还根据每个节气的气候现象和一些物候特征，为每个候都起了生动有趣的专属名字，通常都是非常简明、朗朗上口的字句，比如"东风解冻""鸿雁来""蚯蚓出"等，对于古代大部分不识字的劳动人民来说非常友好，方便他们记忆，据此规划自己的生产生活。

清明也有专属于自己的三候，它们的名字都特别生动，有画面感。一候桐始华；二候田鼠化为鹌；三候虹始见。第一候，说的是清明时气温继续回升，万物复苏，桐

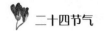

树开出了很美丽的白色或紫色花朵；第二候，是讲因为太阳直射点越来越北移，小田鼠受不了时间越来越长的日晒，开始躲进洞穴，而喜欢阳光的鹌鹑类的鸟儿开始频繁出来活动；第三候展示出特别漂亮的场景，是说清明时节的风雨，将干燥的尘土洗濯干净，所以这个时间特别容易在雨后看到天上的彩虹。

大自然发生了变化，人们作为其中的一分子，也会相应调适身心，应时而动。春风花草香，结伴踏青去。清明时节大地回暖，花草生机勃勃，大江南北的人们，无论古今都喜欢结伴外出郊游踏青，真诚地拥抱自然、吐故纳新。南方的人们用艾草等青草的汁液配合糯米粉，做出清新嫩绿的青团，正是踏青应景的美食。

虽然不像低海拔地区花草繁茂，但在我们青藏高原，比如，青海西宁湟水国家湿地公园的自然环境中，在清明时分也出现了不少春天的讯息。也许它在黄色大地上萌出的嫩草尖上，飘在冰凌化开不久的河水里，飞在澄明的天空中，藏在归来候鸟的羽毛中，融在落地即化的春雪中，更在小朋友映出这一切美好色彩的眼睛里和心里。

温馨中的倒春寒：清明时候，比春分又暖和一些。华北地区桃李争艳，华南地区暖风徐徐，华东地区开始阴雨霏霏，但是很多地方的天气，比如华北、西北地区，仍然不太稳定，会出现"倒春寒"，忽冷忽热，有时阳光明媚，有时又春寒料峭。青海河湟地区也会出现这样的情况，比如，有些海拔低的地方小草都开始萌芽了，突然就会出现多风扬沙、降温甚至春雪天气。所以，这段时间，大家外出踏青享受春光，一定要备好防寒防风的衣物。

欣欣向荣农耕忙：清明时节，气温继续回升，大部分地区降水增加，我国农业地区基本都在开展农耕活动。暖和的华南地区已开始播种棉花等作物，清明前，西南地区就开始采茶、种玉米、棉花、红薯等作物，华东的农民在播种水稻、给果树授粉，那么，青海的河湟农业地区呢？这里的农民前几个月都在做农耕物资准备和平整土地，清明前后他们开始向田地广施早已准备好的肥料、滋养土壤，从此正式投身火热的农耕活动啦！

慎终追远，缅怀先人：作为人文传统节日的清明节，融合了古代的寒食节和上巳节的风俗。在这一天，阖家老小用扫墓、祭祀等方式来缅怀祖先、凝聚家族。

没有一个冬天不会过去，

没有一个春天不会到来。

无冬雪，桃李失色，

经风雪，始见彩虹。

自然趣味活动
小小茶叶，载动文明

茶叶及与之相关的茶文化传播四海并影响深远

 活动设计

活动框架		具体内容
主题		小小茶叶，载动文明。
设计意图		清明前后，南方的春茶相继被采摘、制作并开始运往世界各地。青海地处青藏高原，不产出茶叶，所以从古就形成了茶马互市。青海作为茶马古道的重要一站和通道之一，在茶文化中有着重要的位置。茶文化也在青海的河湟文化留下了深远幽香的痕迹。
活动目标		1.了解清明节气的基本知识； 1.学习茶叶的知识和茶叶对青海文化的影响； 2.学习泡茶基本礼仪，泡一杯香气四溢的茶。
活动准备		三种新茶，一套茶具，纯净水。
活动流程	准备阶段	1.欣赏清明的相关图片； 2.了解清明时河湟谷地的物候和农业活动； 3.趣味问答：关于青海独特的茶文化。
	文化和科学活动	1.了解茶马古道； 2.了解茶叶的生长周期，中国产茶时间表，茶对世界的影响； 3.打开五感，欣赏泡茶的全过程和一杯香茶； 4.实践：思考泡茶中的科学，尝试自己泡一杯好茶； 5.课后拓展：观看纪录片《影响世界的中国植物》，学习除了茶还有什么中国植物影响了世界； 6.课后拓展：到西宁湟水国家湿地公园的北川河湿地欣赏茶马古道的系列雕塑，查阅茶马古道的资料。

第六节　谷雨

　　谷雨是二十四节气中的第六个节气，也是春季的最后一个节气。它的到来意味着气温回升加快，寒潮渐退，将有利于谷类农作物的生长，它是唯一一个名字中结合了自然和人类农耕的节气。

谷雨时节河湟谷地的郁金香盛开

谷雨——水润万物，雨生百谷

"好雨知时节，当春乃发生。随风潜入夜，润物细无声。"春雨、春光、春笋、春风、春花、春茶，这些美好的春色，都一起发生在谷雨这个节气中。欢迎你，谷雨，春季的最后一个节气，它每年伴随微风在4月19～21日降临人间。

因为这个节气期间雨水比较多，谷物得以茁壮成长，所以取名为"谷雨"。在二十四节气中，谷雨与雨水、小满、小雪、大雪等节气一样，都是反映降水现象的节气，而"谷雨"这个名字中的"谷"字同时反映了古代应时而动的农耕文化。

天文学中，清明是仲春和暮春的分界线，到了谷雨就是真正的暮春。但是此时，因为气温、水分分布不一，我国广袤的地域呈现出了不同的景色：西北和东北地区，冬天开始慢慢走远，桃花、杏花都在尽情绽放，柳树垂下了柔软的绿丝绦，但很多地区，比如在青海，虽然省会西宁的人民公园里郁金香已经盛开，但往往还没有迎来真正意义上的气象学的春天呢。根据青海省气象局资料显示，省会西宁近年的平均入春日期为4月26日。2019年西宁入春时间为4月16日，2020年西宁入春日为5月12日，2021年西宁入春日为4月29日，2022年西宁入春较早，时间是4月7日。那么，今年又会在何时入春呢？这通常可以从青海省气象局发布的信息中了解到。

青海的贵德总会在谷雨前后举办梨花节，湛蓝天空和璀璨梨花倒映在清澈的黄河水中，煞是好看；中原地区的牡丹也遥相呼应，总是在谷雨前后大放异彩，所以牡丹花还被称作"谷雨花"；华北地区春光明媚，海棠朵朵，柳絮飘飘，倒春寒减少了；在华南地区的低海拔谷地，黄花风铃木和凤凰花已经凋谢，夏天正在悄悄来临；华东地区开始阴雨连绵，晚樱的多重花瓣随着细柔的风雨缤纷落下，十分美丽；西南地区气温适宜，蔷薇怒放，蕨类植物生长旺盛。

这春意盎然的大自然，向人们馈赠了珍贵的礼物；而智慧的人类，也顺应天时地利，安排自己的生产和生活。

布谷布谷：种瓜点豆。谷雨的三候是萍始生，鸣鸠拂其羽，戴任降于桑。雨水多了，浮萍长起来；布谷鸟开始边梳理羽毛边鸣叫；戴胜鸟停留在桑树枝头。第二候中的

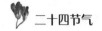

"鸠"其实就是大杜鹃，它的叫声是两音一句的"布谷，布谷"，所以又被称为布谷鸟。它通常在大树很高的树冠层活动，所以古人不能很方便地观察它们，就误以为斑鸠和大杜鹃是同一种鸟，错把大杜鹃叫作"鸠"。大杜鹃很守时，每年谷雨前后迁徙回中国，刚好赶上农耕忙碌，于是人们就说它"布谷布谷"的叫声是在催农人不要拖延，赶紧播种。

在谷雨时节，我们有没有在青海西宁湟水国家湿地公园观察到一些鸟类或其他小动物开始活跃起来了？这些动物有哪些有趣的行为呢？

说到农耕和牧业：青海正逢孕育新生命的季节，河湟谷地的春耕备播活动比清明时更为忙碌。比较暖和的地区开始埋秧苗；贵德、平安等地进入果树授粉期，但这段时间的倒春寒有时会影响果树护理；在青海西部更加寒冷的牧业地区，比如果洛、玉树，正是可爱的小牦牛们集中出生的时间，畜牧站的工作人员除了忙着帮牧民接生牦牛，还要为牛群集中打春季的预防针；此时，西南地区本土品种的樱桃已经大量上市，新制的春茶开始运往全国各地；华北地区开始播种谷子；华东地区育苗插秧；华南地区已经在忙着采茶、养蚕好一段时间了，而渔民们在谷雨祭祀海神后，开始了一年当中第一次出海。

"正好清明连谷雨，一杯香茗坐其间"：喜欢喝茶的朋友都知道大名鼎鼎的"明前茶"，这种茶在清明节气前采制，色绿香醇。那么，有没有其他应节气而采制的好茶呢？是有的。茶叶生产是一种重要的农耕活动，传统的产茶农事也会据节气来安排，所以在古代，长江流域的春茶按产茶时间分为三种：社前茶、明前茶和雨前茶。社前茶是在春分祭春神之前采制的，最有名气的明前茶采制在清明前，春天的最后一种茶就是在谷雨前采制的雨前茶。雨前茶比起明前茶，滋味鲜浓而耐泡。明代许次纾就曾在《茶疏》中这样评点过江浙一带绿茶的采茶时间："清明太早，立夏太迟，谷雨前后，其时适中。"所以，朋友们也可以在花前尝试泡杯雨前茶，欣赏绿叶沉浮之余，品一品大自然不同时节和勤劳茶农所赋予的味道。

雨生百谷，落英纷降。
谷雨深春近，茶烟永日香。
梨花承春宠，何曾羡牡丹。
布谷声声催农事，湟水谷地备耕忙。

自然趣味活动
粮食从哪里来？

过去人们习惯在谷雨时节采摘野外鲜嫩的苜蓿菜用来包饺子、炒鸡蛋

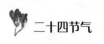

 活动设计

活动框架		具体内容
主题		粮食从哪里来?
设计意图		"谷雨"这个名字源自"雨生百谷"的说法。谷雨时节,土壤的温度和湿度相对稳定,最适合农作物生长。即使在同一节气的时候,不同土壤也会使不同植物生长状况不同。土壤的类型有哪些,哪些土壤适合植物生长呢?围绕这些问题,引导学生通过观察、实践来证明猜想,了解土壤和粮食的关系。
活动目标		1.了解谷雨节气的基本知识; 2.认识各种土壤,以及土壤和粮食的关系; 3.学会科学的种植方法。
活动准备		四色土(红土、沙土、灰棕土、泥炭土),土壤检测仪,种子,玻璃杯,种植牌,观察表。
活动流程	准备阶段	1.了解谷雨时节河湟谷地的物候、农业活动和青海主要农作物分布; 2.趣味问答:梳理谷雨时节的基本物候。
	科学活动	1.土壤知多少(土壤类型,提出猜想); 2.四感识土,学习科学记录; 3.科学辨土,测测土壤的温度和湿度; 4.眼见为实,验证猜想; 5.课后拓展:自己选择种子,运用科学方法研究哪种土壤最适合它生长。了解青藏高原的土壤类型以及为什么说河湟谷地比较适于粮食生长。

湟水之夏

夏

Summer of Huang Shui

夏季的湟水湿地，气温升高，河水上涨，雷雨频频，草绿叶肥，夏花缤纷，鸟儿哺育幼雏，短夏生机无限。

第二章

夏季

绿色繁荣的河湟谷地

第一节 立夏

立夏是二十四节气中的第七个节气，也是夏季的第一个节气，是夏天开始的意思。北半球的天气会越来越热，植物生长渐渐旺盛起来，农民也越来越忙。

清明前后种下的麦子在立夏萌出青青麦苗

立夏——草木纷碧色，立夏雨离春

斗转星移，日月更替，我们幅员辽阔的祖国依次经过立春、雨水、惊蛰、春分、清明和谷雨这六个节气，开始依依惜别草长莺飞的春季，逐渐在5月5~7日的节气"立夏"后迎来充满大量阳光和雨水、植物颜色由青转碧、庄稼旺盛生长的夏季。正如近代诗人吴藕汀在《立夏诗画》中所吟诵的："立夏将离春去也，几枝蕙草正芳舒。"立夏与小满、芒种、夏至、小暑、大暑等共六个节气组成了夏季。

古汉语中"夏"有"大"的意思，因为立夏前后植物们都长大了、能够直立了。大家从耳熟能详的古语"春生、夏长、秋收、冬藏"中就能看出，夏季是农作物旺盛生长的最好季节。所以，古人称这个节气为"立夏"，它的名字就像谷雨、小满、芒种这几个节气一样，反映了古人对植物的观察。在青海东部，清明前后种下的麦子此时已经萌出直立的麦苗，去年播下的韭菜种子也长得郁郁葱葱，农民刚刚割了鲜嫩的第一茬韭菜。古人还总结了立夏的三候：一候蝼蝈鸣；二候蚯蚓出；三候王瓜生。这是说一些小虫子开始鸣叫，蚯蚓出地面呼吸，野甜瓜牵扯出藤蔓、长出了黄花。

《礼记》中还记载着，此时野菜也开始争相生长啦！青海的野菜虽比南方长得慢，但在海拔低、比较暖和的地方如苜蓿菜、苦苦菜、灰条菜、蒲公英、诸葛菜（也叫"二月兰"）等陆续长大。人们三五成群地把它们采摘回家凉拌、炒鸡蛋，就着馍馍或焜锅吃，或者做成饺子，欢声笑语地品评着这些野菜的独特鲜味。它们萦绕在舌尖，催醒了肠胃，紧密地联系着我们与大自然，是很多人童年里的特别经历，也是一个家庭分享时令馈赠的美好时刻。

当江南繁花落尽，迎来夏日绵绵时，青海东部5月的春花却一茬茬开个不休，郁金香、海棠、丁香、荷包牡丹、黄刺玫、月季、芍药、牡丹开始陆续各展芳姿……比较谷雨前后的桃花、杏花、梨花、李子花，立夏以后往往盛开的是一些朵大瓣重、色彩艳丽的花，姹紫嫣红，映衬着颜色尚嫩的杨树、柳树枝条，煞是好看。比如，在西宁湟水国家湿地公园就可以看到，河水中的菖蒲已经高于水面大约半米了；莲花虽还没绽放，莲叶已在加速长大，叫人分外期待早日看到清丽的水中仙子。青海玉树、果洛

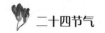

地区的草原开始返青，垫状点地梅、蕨麻等小小的花朵不畏寒冷努力开放着。

以立夏为分水岭，我国福州到南岭一线以南地区真正进入气象学意义上的夏季，正是"绿树阴浓夏日长，楼台倒影入池塘"的景象（气象学中连续5天的日均气温≥22℃，则从第一天开始即是进入夏季。）此时全国大部分地区平均气温在18～20℃，还是仲春和暮春季节呢，不过由于太阳在地球上的直射点继续北移，所以会持续升温，这些地区将陆续进入夏季；西北和东北地区最是慢悠悠，特别是青藏高原此时才开始逐渐进入气象学上的春季。

立夏前后，温度明显上升，雨水、冰雹也特别多。江南进入了连绵雨季，青海的降水也明显多起来：2015年立夏后2天，全省大范围雨雪天气，互助县还遭受了雹灾；2017年立夏，玉树地区雪花飘飘；2018年立夏，全省32个地区大雪；2019年立夏后，果洛、玉树、祁连山都有降雪，省内还发布了橙色寒潮预警。那么，这些雨雪都是"坏事"吗？

立夏落雨，谷米如雨：大家都知道水分对农作物的生长至关重要，在气温上升即将进入夏季的立夏时节，如果降雨充足，那么今年农作物的收成便有了重要保障，这个道理，对于正在春耕播种的青海东部农区来说也是一样的。地里刚出来的青青麦苗、大豆苗、洋芋苗，即将褪去花朵的梨树、杏树、桃树都在盼着降水能多一些，与逐日升高的气温相互配合，促进它们的生长。那么，青海西部的牧区呢？现在草原刚泛出一点青色，立夏前后下雪，虽然让人有种"一夜从春回到冬"的寒冷感觉，但会有利于牧草的返青，对于经历了漫长冬季日渐消瘦的牛羊来说，意味着可以早一点吃草上膘，所以牧民们其实很欢迎这样的雪。

煮豆子，称称人：青海很多地方的老百姓都有立夏煮豆子的习俗：前一天拿出去年收成的蚕豆、豌豆泡水，第二天煮好分给孩子们吃。煮豆子完全不起眼，在物资不富足的过去，却是很多孩子盼望的美味零食。这么一个看似简单的食物，反映了一个有趣的传说。这个传说和一个南方的"称人"的立夏风俗有着密切联系。相传三国后期魏国灭了蜀国后，蜀国国君阿斗被魏国国君司马昭软禁在魏国都城居住。司马昭唯恐蜀国臣民不服，就封阿斗为安乐公。受封那天正巧是立夏，大批蜀国投降的大臣也来参加仪式。当着大家的面，司马昭给阿斗称了体重，许诺说以后绝不会亏待阿斗，要让他生活优裕，每年增加体重。此后每年的立夏，魏帝都要给阿斗吃很多糯米加豆子煮成的饭，给他称完体重就向天下公告说"阿斗比去年更重啦"，意思是魏国可没有薄待他。此事传开，民间仿效，南方就形成立夏吃蚕豆、糯米饭和称人的习俗。青海不产糯米，所以只留下了吃煮豆子的习惯。

立夏蛋，补体力：细心的你有没有发现，鸡蛋经常出现在重要的节气风俗中。春分、秋分立蛋，惊蛰吃鸡蛋，立夏很多地方也会吃鸡蛋，并用彩线挂着鸡蛋来庆祝。在中国古代，鸡蛋意味着新生命，并被赋予了圆满的含义，食物不充足的时候鸡蛋更是金贵的，用它特别能够表达人们对重要节气的重视。在2000多年前的周朝，立夏是个非常隆重的节日，天子会亲自带领百官到南郊迎接夏天，用各种新鲜的蔬果肉类来祭祀代表南方和火的炎帝祝融。为了表示重视，天子穿着红色的衣服，连拉车的马匹都会佩戴红色的装饰。几千年后，遥想一下这红色灼灼的场面，都觉得蔚为壮观。

草木纷碧色，煮豆爱青蚕。

雪中点地梅，丁香满枝香。

牧草待返青，麦稻急急长。

南疆日长北国春，立夏雨雪兆丰光。

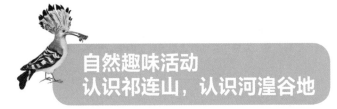

自然趣味活动
认识祁连山，认识河湟谷地

立夏时节的青海西宁湟水国家湿地公园海湖湿地

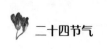

 活动设计

活动框架		具体内容
主题		认识祁连山，认识河湟谷地。
设计意图		立夏时节，青海各地生机勃勃，特别是河湟谷地农牧业生产一片繁忙。河湟谷地是怎么形成的，它与祁连山有着怎样不可分割的联系，湟水河及它孕育的国家湿地公园与祁连山、河湟谷地的关系是怎样的？围绕这一核心主题为学生打开一扇关于家乡的地理探索，激发孩子们对家乡的热爱和了解。
活动目标		1.了解立夏节气的基本知识； 2.认识祁连山、河湟谷地、湟水河及西宁湟水国家湿地公园的基本知识； 3.初步学习如何看地图。
活动准备		青海省地图，祁连山地图，河湟谷地地图，大白纸，彩笔。
活动流程	准备阶段	1.了解立夏时节河湟谷地的物候； 2.趣味问答：对家乡地理的了解。
	文化和科学活动	1.土壤知多少（土壤类型，提出猜想）； 2.猜猜祁连山在哪里； 3.祁连山是妈妈，河湟谷地是孩子； 4.认识地图，认识湟水与西宁湟水国家湿地公园； 5.画一画自己心目中美丽的湟水河； 6.课后拓展：了解祁连山发育的其他河流都流向了哪里，孕育了哪些著名的城市。

第二节　小满

小满是二十四节气中的第八个节气，也是夏季的第二个节气，充满了人们对收获的期待。比青海海拔低的地区麦粒开始饱满，青海大部分地区的农作物再等大约两周也将进入这个阶段。

小满时节的河湟谷地生机勃勃

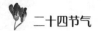

节气读本

小满——晴日麦气暖，欣欣向荣见丰年

告别了夏季的第一个节气——立夏，在渐渐明显的暖意中，北半球每年5月20～22日迎来小满。小满是唯一一个名字含义在中国南北方不同的节气，它同时反映了农作物的状态和对雨水的需求。

在我国北方，5月下旬小麦等农作物的籽粒逐渐饱满，但是还没有完全成熟和饱满，所以此时被称作"小满"；我国的南方则赋予它另一重意义，用"满"来形容农田里雨水的多少，"小满不满，干断田坎""小满不满，芒种不管"。小满正是南方适合水稻栽插的季节，古代农民总结出，小满时田里假如雨水少或蓄不满水，就可能造成田坎干裂，严重的话就算到了芒种时节都无法栽插水稻。

你可能觉得好奇，二十四节气里一般有"小"就会有"大"，大小总是伴生的：比如小暑和大暑、小雪和大雪、小寒和大寒。那么为什么只有小满，而没有"大满"呢？其实，"大满"是存在的，它就是小满之后的芒种，那为什么要给它改名字呢？因为，二十四节气不仅反映着物候变化，还蕴含着中国古人对于自然和人生的智慧和哲学。古人认为小满是一个将满但未满的状态，此时尚有前进的动力和对丰收殷切的期盼，是最好的状态，而如果叫"大满"，听起来就是到达顶峰要走下坡路了。还有"满招损，谦受益"，在大自然面前需要保持一个谦虚、敬畏的心态，这样才能与自然和谐相处，所以就避开了"大满"这个看起来有些骄傲的名字，而改用一个欣欣向荣颇有艺术画面感的名字"芒种"。你看，我国古人是不是很有智慧呢？

从2020年开始很多人居家生活的时间增加了，因此购买了花样繁多的面粉，学会做各种中西面点：馒头、包子、蛋挞、戚风蛋糕……这些美食都离不开一样农作物——小麦。说起小麦，它对于人类发展的意义可是非常重大的。首先，小麦很有营养，它富含着氨基酸和植物蛋白。考古学证明，小麦是人类历史上第一种被当作食物种植的野生植物，最早在10500年前被亚洲西南部的人们种植，后来世界上其他地区的人们也陆续引入或驯化培育了小麦。距今近5000年时，为了种植它，埃及农民设计了一套精妙的尼罗河灌溉系统，并用小麦磨的面粉烘烤出了世界上第一块面包。同期，小麦开始在我国黄河流域种植，并流传到长江以南，逐渐成为我国重要的三大粮食作物之一。经过上万年的培育、传播、优化，小麦已经广布四大洲的土地，成为全世界人民的重要口粮。另外，连我们不能吃的麦秆儿也为人类作出很多贡献，它能够被制成饲料、纸、工业建材、餐具，还能在发酵后提供清洁的能源——沼气。

小麦就像一把关键的钥匙，启动了人类文明的列车飞速行驶，人类驯化小麦从表面上看是农业上的小成就，但它很明显地促进了社会和技术进步，推动了城市化和社会结构发展的进程。而年复一年辛勤劳作的农民、水利工程设计和修建者，也为人类社会的进程作出了不可忽视的贡献。几千年来，中国的农民为了提高小麦等作物的产量，增加它们的品质，主动观察和了解大自然的物候，顺应大自然的规律总结出了二十四节气这样的物候历，从而更准确地指导农业活动和日常生活。至今，它们仍然具有很强的生命力，对我国的农业、农村、农民有着重要影响，在我们的文化中更是留下了很多痕迹。

晴日暖风生麦气：小满开始，三夏农忙拉开大幕。这段时间，北方雨水不像立夏时那么多，比起降水，气温升高更让人印象深刻些。南北的气温差异越来越小。青海东部产麦区小麦出苗了，正在分蘖（niè，指小麦在地下或近地面的茎基处开始分枝）期，农民们忙于灌溉和防虫；西部牧区草原在陆续返青，青黄不接的状态快要过去了。

青黄不接苦菜秀：成语"青黄不接"，通常用来比喻人才、财力等因一时接续不上而暂时缺乏。其实，它正是诞生于小满这个时候：过去，北方很多农村在小满时，今年的新小麦还没有完全成熟，但存的粮食已经不够吃了，青（还没熟的新粮食）黄（已经成熟的去年的存粮）接不上，人们只能去野外，挖各种正好在这个时节竞相生长的野菜当作口粮。对于父辈的很多农民，每年的这段日子是一段很艰难的时光，但随着现代农业的发展，它已经成为历史，一去不复返了。

祭蚕卖新丝：中国古代的农耕文化以"男耕女织"为典型，男性在田里忙着麦收和种稻时，女性也在忙着缫丝纺织的大事。由于蚕在没有发达科学技术的古代很难养，比较"娇气"，所以古代的人们把蚕看作从天上来的神物。而且，相传蚕神就是小满这天出生的，为了养蚕能有个好收成，人们就在每年小满前后举行祈蚕节。人们用稻草扎一座"草山"，用面粉做成蚕茧的形状放在上面，象征着丰收。祈祷结束，大家就纷纷收获蚕茧缫丝，不久后，大江南北就能见到一匹匹美丽的丝绸上市，并且随着海上和陆上的多条丝绸之路远销到世界各地，成为贸易和文化交流的使者。

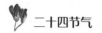
小满谦受益，北方晴日南雨田。

三夏农忙暖风熏，莽莽草原青色返。

麦已黄，稻新栽，

蚕结新茧祈丰年。

自然趣味活动
发现身边的飞羽精灵

青海西宁湟水国家湿地公园是一百多种鸟类的乐园

活动设计

活动框架		具体内容
主题		发现身边的飞羽精灵。
设计意图		小满时节，生机盎然。青海的夏季除了种类繁多的留鸟，还会有很多夏候鸟，这些飞羽精灵在湿地、森林、农田、草原、高山、荒漠等生态系统中自由地栖息、飞翔、繁衍生息。那么，在城市里会有什么样的鸟，它们的有趣特性和生活环境是什么样的？围绕这一主题，引导学生观察、记录身边的鸟类，学习基本的观鸟方法，激发学生热爱家乡、热爱自然、热爱生命的情感。
活动目标		1.了解小满节气的基本知识； 2.认识西宁湟水国家湿地公园的几种典型鸟类； 3.了解鸟类的基本分类，初步学习观鸟技巧。
活动准备		鸟类模型教具，鸟类图鉴，望远镜，湟水自然笔记本，彩笔。
活动流程	准备阶段	1.了解小满时节青海的物候； 2.趣味问答：鸟类有哪几大类？怎么分类？
	科学活动	1.鸟类分类连连看； 2.根据周围环境判断哪几种鸟类在此生活； 3.学习观鸟技巧和记录方法； 4.实践：一起去观鸟吧； 5.课后拓展：记录每周观察到的鸟类，积累一个月、一个季度甚至一年，看看可以在家周围观察到多少种鸟，它们的分类是怎样的。

第三节 芒种

芒种是二十四节气中的第九个节气，也是夏季的第三个节气，仲夏时节已经开始了。在青海河湟地区，芒种的物候和黄河中下游的小满类似，田间地头处处呈现忙碌景象，丰收在望。

芒种时节雨水较多，花期长的碧冬茄（矮牵牛）开得正盛

节气读本

芒种——芒种争时三夏紧，青梅煮酒送花神

今天是二十四节气中最"忙"的节气，是一个闪着光的日子，更是充满了诗情画意的仲夏。新熟的麦浪被暑气蒸腾得金色耀亮，刚插秧的稻田里水镜映着天色，农民热火朝天劳作时汗珠折射着"三夏"之忙，充满活力的伯劳在绿荫里鸟鸣激昂，青梅煮酒中映出三国论英雄的历史之光。夏季的第三个节气芒种，通常在每年6月5~7日，带着夏天的热情和紧迫感降临地球。

"春争日，夏争时，万物宜早不宜迟"是一句流传已久的谚语，意思是春天时光宝贵，播种早一天就能多争得一分收获；到了夏天，一年将近过半，时光更为紧要，收获和播种可是连一个时辰都不能错过呢！"夏争时"，主要说的就是今天这个特殊的节气"芒种"，它的名字包括了连续的两个动作——收获和播种。"芒"是指麦子熟了，麦芒闪耀着骄傲的金色，该是收获麦子等有芒类植物的时候了；"种"则是指稻谷豆黍类植物必须在此之前种下去。后来这句话的含义从节气对农业的影响，延伸到了做各种事情上面，勉励人们要珍惜时间，把握时机，早做准备，应时而动。

小满到芒种这段时间还常常伴随着"三夏"这个词，有一个说法叫"三夏大忙"。那么"三夏"指的是什么呢，这段时间又为什么会特别忙呢？其实，"三夏"是一个与我国农业息息相关的词，指的是夏收、夏播和夏管这三种农业活动。

夏收，是说收麦子；夏种，就是稻子、豆子、谷子、糯米等的播种；夏管，就是农民还要注意管理这段时间其他作物，比如，给棉花多浇水。由于这段时间热量和降水都很充沛，植物生长得特别旺盛，每天都有很大的变化，所以这三种农业活动都要抓紧每分每秒，一刻也马虎不得。比如说水稻，从小满前后就可以栽秧，如果到了芒种还没有栽下去，那就意味着今年基本收成无望。大江南北的农田里此时都是一片繁忙：长江流域"栽秧割麦两头忙"，华北地区"收麦种豆不让晌"，甘肃宁夏"芒种忙忙种，夏至谷怀胎"。所以说，"芒种"这个名字起得特别贴切，"芒"谐"忙"音，它真是二十四节气中当之无愧的"劳模"。

播种今天，收获明天：对于青海来说，此时高原进入春天不久，热量和水分不像我国南方、华北和中原地区那么丰沛，所以植物也会生长得慢一些。河湟地区的芒种，比较接近其他地区小满的阶段，就是冬小麦刚刚开始小满，春小麦将要抽穗，还有青稞、油菜等农作物也相继进入了旺盛生长期，不过想要看到灿烂如阳光的油菜花海，还要再等至少半个月。青海西部的草原仍会时不时迎来降雨或降雪，大自然有着一套精妙的运行规则，这些应时而来的水分会恰到好处地促进牧草生长，帮助牛羊进入生长旺季，草原上的生态系统开始进入活跃的状态。

螳螂生，伯劳鸣，反舌无声：这是古人观察总结出的芒种三候。在芒种前后螳螂卵孵出了小螳螂，它们在生机勃勃的夏季开始闯荡世界，会逐渐长成挥舞着大刀的威风凛凛的昆虫将军。充满生命力的伯劳鸟在这段时间进入繁殖期，筑巢孵卵，有时它们站在树上鸣叫，声音非常响亮，令人印象深刻。古人发现与伯劳鸟正相反，有一种很爱学别的鸟叫的"反舌鸟"，在芒种这段时间却不再调皮，变得很低调，不怎么鸣叫了。

青梅煮酒送花神：每年农历二月初二是个很浪漫的日子——花朝节，相传它是花神的生日。每到这天，古代的女孩子们一起迎接花神，到郊外踏青，把五色纸笺系在树的枝条上，"春到花朝染碧丛，枝梢剪彩袭东风"，这个场景想象一下就觉得真是美丽。有迎就会有送，春去夏来，百花归隐，芒种就是送别花神的日子了。人们在这天祭祀花神，表达对花神、对大自然馈赠的各种美丽使者的感谢，并且相约明年花朝节再见。看到这些隆重又接地气的节日，你有没有觉得古人的生活过得不只是眼前的抢收播种，更有一份诗意浪漫呢？

告别花神，再来看看另一种蕴含文化的植物吧——初夏梅子成熟了，人们先用水把它的酸味煮掉大半，然后再放到黄酒中烹制，这种青梅酒的做法延续至今已一千多年。四大名著的《三国演义》中就描述了一段关于"青梅煮酒论英雄"的佳话，刘备与曹操"随至小亭，已设樽俎：盘置青梅，一樽煮酒。二人对坐，开怀畅饮。"文字简约，却不妨碍我们透过历史遥想当年，古今多少事，都付笑谈中。

芒种忙忙种，万物皆争时。

水分加气温，麦稻三夏急。

高山积雪融成冰蓝色溪水，

烈日下梭梭林努力生长。

旱獭嚼着草根，嗅探藏狐的气息，

鹅喉羚则在白刺与柽柳林中隐现。

江南的梅子又熟了，

你可体会到大自然的精妙？

自然趣味活动
小麦的一生

小麦是我们离不开的粮食

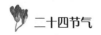
 活动设计

活动框架		具体内容
主题		小麦的一生。
设计意图		青海的芒种和其他地区的小满物候类似，是麦粒即将饱满的时节。这个时节，河湟谷地里的小麦长得怎么样啦？它小时候是什么样子的？小麦的生长周期是什么样的？成熟的小麦除了磨面粉还可以做什么呢？围绕这些问题，引导学生探索小麦的一生，认识它的生命周期和对人类的意义，体验种植小麦的乐趣。
活动目标		1.了解芒种节气的基本知识； 2.认识小麦在不同阶段的生长状态以及小麦的重要性； 3.学习种植小麦。
活动准备		麦种，麦苗粉，麦穗，土培工具，水培工具。
活动流程	准备阶段	1.了解芒种时节河湟谷地的物候； 2.趣味问答：小麦的秘密知多少。
	文化和科学活动	1.我来说说小麦的一生； 2.学会筛选小麦的种子； 3.来种一种小麦吧； 4.画一画小麦的一生； 5.课后拓展：记录小麦的生长情况。

夏季的青海西宁湟水国家湿地公园水鸟翔集

第四节　夏至

　　夏至是二十四节气中最早被确定的节气之一，同时是夏季的第四个节气。夏至这一天太阳直射北回归线，北半球白天的时间在一年之中最长。夏至一过，夏季过半，白天也一天比一天短了。

夏至时河湟谷地的植物茁壮生长

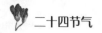

夏至——北斗星移，夏至大美

作家肖复兴曾说："夏至的天空，最美的时候在夜晚。"今天，北半球的人们面对着银河系的中心，如果在空气质量好的地方，比如，青海西宁湟水国家湿地公园、祁连山国家公园、柴达木盆地、三江源头、青海湖畔、老爷山上，在天气晴朗的夜晚，就可以看到壮观的星空，甚至还可以看到银河横亘整个夜空。在浩瀚的星空下，面对无垠宇宙，顿生"天地一俯仰，浮生一须臾"之感。在每年的6月21~22日，我们将对夏至说声"你好！"

猴年马月话节气：与农历、阳历一样，二十四节气离不开我们头顶的美丽星空，是根据天文现象来制订的。根据月球环绕地球运行所订的历法，被称为阴历；根据太阳在不同季节的位置变化所订的历法，被称为阳历；我国古人还根据太阳对地球的影响制订了一个"干支历"，俗语中的"猴年马月""说出个子丑寅卯"，就是古人使用干支历标记年月日在中国人的语言中留下的痕迹。那么二十四节气呢，属于干支历，是这种古老历法中表示季节变迁的24个特定节令。

夜空中最亮的星：夏至时星空灿烂，特别适合观星，在青海的小伙伴们可不要错过。入夜，在静谧夜空中正北方二三十度的地方，漆黑中有一颗亮星，那就是北极星。在它左边不太远的地方，你可以看到一把巨大的、由七颗亮星组成的"大勺子"。因为它很像古代舀酒的"斗"，所以又把这把"大勺子"叫北斗七星。北斗七星构成了大熊星座庞大的身躯。

北斗七星对古人很重要，被用来辨认方向。但北斗七星在天空的位置并不会一成不变，从地球的视角来看，它会在不同季节"转"到不同的位置。二十四节气最初就是以北斗七星的斗柄（也就是通俗语里说的"勺子把"）所指的方向来确定的，斗柄在每个节气都指往不同的方向，从正东偏北开始经南、西、北转一个圆圈，成为一个周期，也就是一年过去了。

夏季星空中还有很多亮星值得观察。比如，在宽阔的银河两岸，各有一颗明亮的星星，它们就是传说中的牛郎和织女。牛郎星的两边还各分布了一颗小星，被叫作扁担星，传说牛郎就是用它们挑着一双儿女赶去与织女相会。

夏至，太阳直射点到达北回归线，这一天北半球白天最长，黑夜最短。"万物于此皆假大而至极，时夏将至，故名也。"古人说，万物在夏至这天都长到了极致，是一片暑热炎炎中的繁盛景象，也是天地间呈现生命大美的时刻。

草原花海，大美青海：曾几何时，油菜花成为青海的一张名片。虽然青海春秋冬夏各有大美，很难说哪个季节更漂亮，但是夏至前后次第绽开的油菜花海，不同于早春江南油菜花的烟水迷蒙，确实会给人一种震撼的壮美感。实际上，青海西宁湟水国家湿地公园中有更多独特美丽的花值得关注，每一种在各自的生态系统中都有独一无二的位置，比如，仙姿绰约的各种睡莲，芳华万千的芍药，外形好像芭蕾舞裙子的耧斗菜、散发清爽气息的薄荷，等等。

小荷露角，端午采药："绿叶厚了，树荫浓了，荷塘里早莲已经绽出尖尖粉嫩的花蕊""水光浮动红，烟岚织就绿，动静对比，温庭筠的这首《晚归曲》真美。"——朱伟在《微读节气》中这样描述夏至的美。2023年的夏至和端午离的不远，此时菖蒲已经成熟，人们会采摘菖蒲或艾叶把它们扎成一束，挂在门上，或者用泽泻等芳香的本地植物做成香包香囊佩戴在身上。河湟地区的香包格外有特点，已经成为非物质文化遗产。大自然蕴生了植物，植物虽然默默无言，但通过食物、医药、建筑、服装、艺术等方面与我们发生千丝万缕的联系，并且留在了我们上千年的文化中。

夏至数九，热有三伏：按干支历计算，夏至后的第三个庚日，就开始三伏天了，这是一年中最热的一段时间。因为平时不用干支历，所以三伏天咱们现在不容易推算，不过利用夏至九九歌，就很清楚夏至后的天气发展规律了。冬至和夏至，一个冷，一个热；一个白天最短，一个白天最长。咱们每年从冬至开始寒天数九，冬至九九歌描述了冬至后6个节气的物候变化规律；夏至刚好和冬至对应，夏至九九歌则从夏至一路唱过6个节气的物候规律，在秋季白露结束。北方的夏至数九歌是这样的："一九二九扇子不离手；三九二十七，饮水甜如蜜；四九三十六，拭汗如出浴；五九四十五，头带黄叶舞；六九五十四，乘凉人佛寺；七九六十三，床头寻被单；八九七十二，思量盖夹被；九九八十一，家家打炭基。"从打扇子，到盖夹被，斗转星移，又是天凉好个秋。

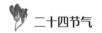

日月星辰，藏着时间的密码，
北斗的方向，诉说四季的更迭。
夏至，绿绒蒿遗世独立，
金露梅迎雪绽放。
时光荏苒，数九入秋，
浩瀚星空，大美无言。

自然趣味活动
用本土植物亲手做一个河湟香包

认识湟水湿地的植物，做一个河湟香包

 活动设计

活动框架		具体内容
主题		用本土植物亲手做一个河湟香包。
设计意图		夏至的"至"意为"大"，意思是万物都生长到最旺盛的时候。青藏高原的冬长夏短，植物们也抓紧温度高、水分足的夏季赶快生长、繁衍。我们身边有哪些看似普通却很了不起的植物，它们与河湟谷地的人们有什么关系？围绕这一主题，引导学生观察、认识本土植物，用其中几种做一个时令香包。
活动目标		1.了解夏至节气的基本知识； 2.认识几种本土植物，了解它们的秘密； 3.学习绘制自然笔记； 4.学习做一个本土植物的时令香包。
活动准备		本土植物标本，湟水自然笔记本，彩笔，5种本土植物香料，香包袋。
活动流程	准备阶段	1.了解夏至河湟谷地的物候； 2.趣味问答：聊聊身边最熟悉却陌生的本土植物。
	文化和科学活动	1.学习自然笔记的方法，开展湿地植物寻宝游戏； 2.认识几种本土的湿地植物； 3.了解几种本土植物与河湟谷地人们的关系； 4.辨认植物香料，用五感观察它们，做一个时令香包； 5.课后拓展：和家人聊一聊，发掘还有哪些本土植物和我们有密切关系，分享我们与这些植物的故事。

第五节　小暑

小暑是二十四节气中的第十一个节气，同时是夏季的第五个节气。小暑时节气温比较高，雷雨天气频繁，生物生长特别茁壮。

小暑时节河湟谷地的蚕豆花开了

小暑——高原无言，自然有爱

"夏满芒夏暑相连"，转眼间，夏季已经走过了植物长大的立夏、谦谦受益的小满、收麦种稻的芒种和星空大美的夏至，来到了第五个夏季节气——小暑。小暑和15天后紧随而来的大暑一起，成为二十四节气歌中的"暑相连"，带来盛夏的炎热。一般小暑总是和中考相伴，在每年的7月6～8日到来。

神奇的北回归绿带： 经常关心世界地理的小伙伴都知道，北纬23°26′是北回归线，是太阳在地球上能直射到的最北的地方。北回归线在地球上穿过了16个国家，所到之处大部分都是莽莽黄沙，气候非常干燥，形成了著名的"回归沙漠带"：撒哈拉沙漠、阿拉伯沙漠、墨西哥沙漠……但神奇的是，"强硬"的北回归线唯独在穿过中国云南、广西、广东、台湾等地时，好像一下子变得温柔了，留下的不是不毛沙漠，而是雨水丰沛、植物葱翠、物产特别丰富的绵绵绿色，形成了有趣的"北回归绿带"。

你可以观察到，小暑前后，我国大部分地区开始出现频繁的雷暴天气，这段时间天气变化快，降水丰沛。气温高，水分足，雨热共同作用之下，植物们生长得特别茁壮。我国位于"北回归绿带"的地区也是这样，雷雨连连，农作物生长旺盛，一点也没有受"回归沙漠带"的影响。这是为什么呢？

其中，重要的一个原因就在青藏高原这里。由于青藏高原高大身躯的阻挡，来自西边的干燥气流很难进入我国，帮助形成了季风性气候。夏季，在青藏高原的庇护下，我国的南方才能保住来自海洋的暖湿气流，可以拥有高温潮湿多雨的气候，植物得以趁着热水共同的作用迅猛生长，而不会像"回归沙漠带"上的其他地方，被夺走宝贵水分成为干燥的沙漠了。

所以，青藏高原虽然默默无言，但它意义不仅是三江水源、亚洲水塔，还对我国的气候有重大的影响，并且参与了全球的气候形成，在中国和世界的环境系统中都有重要价值，我们需要更多地了解、关爱和保护它。

小暑三候： 我国古人几千年来一直很勤于观察周围环境，希望总结出大自然的物候规律，以便与自然和谐相处。每个节气都有三候，每一候为5天，也就是说每5天气

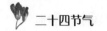

候、植物、动物、农业活动都可能有变化，古人观察和总结已经细致到了这个程度。

小暑的三候是温风至；蟋蟀居宇；鹰始鸷。第一候中虽然只有三个字，但对物候的重点描述精准：温——风比较热但还不是最热，风——季风，至——夏季季风开始了。这就是古人对季风在夏季特点的记录。第二候和第三候都记录了动物对小暑到来的反应，因为热的季风来了，蟋蟀就专门找到阴凉的庭院墙角去避暑，而迅猛的老鹰也会因地面太热而选择到更高、更凉爽的高空中飞翔。

每种生物都会对气候的变化做出反应，人类也同样有这样的天赋能力。不过，现在情况发生了改变，人类创造了空调、冷饮、各种避暑小神器"凉爽"地度过炎夏，丰富的工具使人们获得极大的舒适度，因此，现在人们很少会密切注意、体会大自然的变化，慢慢地失去了对大自然敏锐反应的本能，也开始不在乎人类的行为对大自然的影响。大自然因为人类的漠然不堪负累，却仍宽厚无言，但幸运的是，有很多小伙伴意识到我们疏离大自然太久了，于是重新走近、拥抱自然，观察鸟类、植物、空气和水流，用皮肤感受真实的热与凉，体会精神的放松和自然的美，开始注意收集人类活动对环境影响的信息，思考自己与草木、鸟兽之间的关系，以及人类的一举一动（如减少塑料包装、增加绿色出行、降低自己的音量、与野生动物保持合理的距离）对大自然会有怎样的作用。

孩子：大自然，你好。

我又回来了，

想在你的怀抱里玩耍、奔跑、打滚儿、放风筝……

大自然：孩子，你好。

我从未离开，

你也一直在我爱的怀抱里，

未曾远去。

自然趣味活动
探秘黄河水中的"土著居民"

在青海西宁湟水国家湿地公园可以观察到许多昆虫

活动设计

活动框架		具体内容
主题		探秘黄河水中的"土著居民"。
设计意图		小暑时节气温比较高,湿地生物也处于生长旺季。河湟谷地湿地的水中有哪些生命,飞来飞去的昆虫和水有什么关系?黄河上游常见的本土鱼类有哪些?我们身边的湿地里还有哪些小生命?围绕这些问题引导学生了解湿地水体中常见的生物,学习本土鱼类的基本知识,认识昆虫的幼虫。
活动目标		1.了解小暑节气的基本知识; 2.认识几种黄河上游鱼类和湟水国家湿地公园水体中的生物; 3.认识常见昆虫的幼虫和两栖类动物。
活动准备		提前准备捕捞鱼用的网箱等工具,昆虫幼虫,湟水自然笔记本,彩笔(需要注意安全,只由工作人员和老师捕捞,并且只捕捞有限的鱼类和捕捉有限的昆虫幼虫用于课程活动,课上需要提醒学生友善对待这些生命,课后放归。)
活动流程	准备阶段	1.了解小暑时河湟谷地的物候; 2.从地理、本土生物等方面认识黄河; 3.趣味问答:猜猜看哪些生物是黄河上游土著居民。
	科学活动	1.了解河湟谷地与黄河的关系; 2.认识几种黄河上游的本土鱼类、两栖类、昆虫; 3.实践:到湿地观察水体中的生物; 4.用自然笔记的方式记录这些可爱的"土著居民"; 5.课后拓展:搜索关于黄河上游本土生物的信息。

开展有关植物的自然观察时的注意事项

第六节　大暑

大暑是二十四节气中的第十二个节气，也是夏季的最后一个节气。这一天，一年刚刚过半，它宣告天文学上的夏季即将结束。大暑与小暑节气一样，处于一年中最热的一段时间。

大暑时的湟水支流南川河

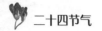

大暑——金雨斛（hú）珠，果实初熟

每年的 7 月 22～24 日，大暑降临，它是天文学夏季的最后一个节气，意思是炎热已经到达了顶点。在这全国大部分地区"小暑大暑，热开石头"的三伏天里，青海依旧保持着低调的气温，淡定的清凉让很多其他地区的小伙伴心生羡慕。避暑？开空调？晚上热得睡不着？这些现象在河湟谷地的中部和西部都非常少见，有些地方在夏天甚至会时不时飘阵雪花。走进青海西宁湟水国家湿地公园，我们更可以尽享清爽宜人的花香绿荫。

青海的省会西宁处于青海东部比较温暖的区域，天文学的夏天年年过，那气象学的夏天呢？数据来了，不要吃惊——根据气象部门的记录，西宁有气象记录以后的 69 年中只有 7 次真正入夏，平均 10 年才有一次气象学上的夏天！

气象学上，连续 5 天日均气温 ≥ 22℃，那就从第一天开始算入夏了。1958 年以来，2017 年 7 月 15 日是这 59 年中西宁第七次进入夏季，但是很遗憾从 2017 年至 2019 年 8 月 23 日，西宁市均未达到入夏标准。所以说，科学数据最诚实，它能够印证我们的一部分经验和感受，但也经常能够修正我们的错觉。

在 59 年的数据记录中还有两个"最"：西宁最早一次进入夏天，是在 2006 年 7 月 13 日；单日最高气温出现在 2000 年的夏季，有一天最高气温曾经达到 38.7℃。

大暑三候：同其他节气一样，大暑也有古人观察总结的三候：一候腐草为萤；二候土润溽暑；三候大雨时行。它们分别记录的是动植物、水分土壤和降水。一候说的是从枯腐的草中，生出了萤火虫。二候的意思是土壤内水分充盈，热空气中湿度很大，暑热难耐。三候是观察到每天午后经常下起大雨，能稍稍缓解暑气。

在一候中，古人只观察到了萤火虫从腐草中飞出，因为缺乏生物知识就误以为是腐草变成了虫，不明白是因为萤火虫之前产卵在这里，后来虫由卵孵出。

所以，我们需要科学对待二十四节气。尽管二十四节气是古人根据北斗星位置制订，加上上千年对物候观察总结的详细的时令经验，有很大的普适性，其中很多内容到现在都可以指导我们的生活，但由于天体一直都在运行移位，气候变化、科技发展、我们对自然的认识也进步了，所以很需要我们利用现代科学知识和数据来思考二十四节气制订的原理，修正其中的错误和过时的记录，使二十四节气焕发新的生命力，形成符合现在大自然规律，能够为现代工作生活所用的新时令体系。

沙果结子梨尚小，荔枝凤梨已飘香：贵德的梨花在节气谷雨前后盛开，现在长把梨、软儿梨还很小，不能入口，它们正在加倍努力，要把夏天短暂的光、热、水全部转化为金秋的鲜甜滋味。同样，乐都的沙果儿也是青涩的小果子，要等到秋天才会用香气饱满的绵软果肉来迎接咱们的味蕾。青海的名片之一——美味的马铃薯（也叫土豆、洋芋）在清明之后种下，现在它的块茎也正在土地里加速长大，地面上的部分开出了白色、紫色的花朵。与憨实的块茎不同，马铃薯花外形轻盈美丽，在7月可以到农田边近距离观赏一下。

同一时间，经过春夏的辛苦，各种果实已经或即将迎来第一个收获的季节。江苏农民在水田中采摘莲蓬，山东的向日葵高大灿烂，广东的荔枝、台湾的凤梨都已成熟，满街飘香，正是品尝它们的好时候。

大暑，金雨来了，
　　珍珠一样宝贵。
孩子看看田里安详的洋芋花儿，
　抬头望着青青的沙果儿出神。
　　想念拿竿子打落，
　骨碌碌满地滚动的香气。
　　　还希望，
　　晴天多留几日，
今年能不能多穿几天裙子？

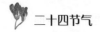

自然趣味活动
我是云彩收集者

大暑时的云变化很快

 活动设计

活动框架		具体内容
主题		我是云彩收集者。
设计意图		大暑节气气温高，湿度大，水汽蒸腾量大，气流活动频繁，经常有雷雨出现。怎么预知降雨？围绕这个问题，引导学生通过自己的感官、平时的经验判断降雨的可能性，通过认识不同种类的云，学习看云识天气，建立气象与生活的联系。还通过认识气象云图、气象仪器鼓励学生学习科学预测天气的气象知识。
活动目标		1.了解大暑节气的基本知识； 2.了解云图的基本概念和分类，学习八分法观云，在生活中实践观察； 3.认识气象监测仪器，了解一些科学预测天气的气象知识。
活动准备		大自然云图，彩笔，湟水自然笔记本，卫星云图，湿地公园中的气象监测仪器。
活动流程	准备阶段	1.了解大暑的河湟谷地的物候； 2.欣赏与大暑有关的古诗； 3.趣味问答：我认识的云。
	科学活动	1.了解雷雨的形成； 2.认识云图和气象监测仪器，学习八分法观云； 3.手绘一幅云图； 4.特殊的云； 5.课后拓展：讨论预测天气的其他方法，记录15天的云，通过实践验证用这种方法预测天气的准确性。

湟水之秋

Fall of Huang Shui

秋

秋季的湟水湿地，温差增大，由凉转寒，空气干爽，秋色斑斓，植物渐眠，夏候鸟飞离湟水，冬候鸟回归湿地。

立秋——草药袭香
处暑——淡云送爽
白露——草木渐黄
秋分——夏鸟南迁
寒露——花露松风晓寒气
霜降——碧云初霜送冬来

第二章

秋季

缀满宝石的河湟谷地

第一节 立秋

立秋是二十四节气中的第十三个节气，也是秋季的第一个节气。高原夏季的炎热开始褪去，逐渐呈现出秋高气爽的凉意。

秋天，河湟地区的菖蒲

节气读本

立秋——你好，秋天！

立秋

［宋］ 刘翰

乳鸦啼散玉屏空，一枕新凉一扇风。

睡起秋声无觅处，满阶梧桐月明中。

立秋三候

一候，凉风至；二候，白露降；三候，寒蝉鸣

节气大暑之后的两周，青海往往会频现阳光灿烂的好天气，特别在东部地区，大家有时甚至觉得闷热难耐，纷纷穿上裙子、凉鞋、短裤，形成街上美丽的风景线；绿茵茵的大草原和高山上缤纷的美丽野花带来震撼的视觉盛宴，也让人特别有夏天的感觉。

立秋在每年8月7~9日到来。虽然此时通常还处于三伏天中，按说是一年当中最热的时候了，但是夏天真的来过青海了吗？还是说像2018、2019年那样，青海大部分地区的"季节高铁"将从春天直接驶向秋天，在夏天这里直接过站不停呢？

天文学意义上的夏天，青海河湟地区确实年年都在过，但是气象学上的夏天呢？还是一起来看看最诚实的气象数据吧！

青海东部的民和，2020年连续5天的日均温达到22℃，在7月31日率先喜提夏天。很遗憾又很骄傲地告诉大家，2018—2020年连续3年，青海大部分地区包括西宁市都没有达到连续5天的日均温≥22℃的标准，没有进入过气候学夏天。而且由于太阳直射点继续南移，意味着热量离青海越来越远，西宁入夏的机会也越来越渺茫。广大的玉树、果洛等高原牧区更是长冬无夏的代表，吸引着全国的人们前来避暑。

立秋三候：黄河流域的古人总结立秋三候为凉风至、白露生、寒蝉鸣。在青藏高原上几乎听不到蝉鸣，但是也有属于本地的、美丽的、多样性的物候特征。

植物们正加速结实：在青海西宁湟水国家湿地公园中可以看到许多植物，比如，海棠的果实越来越红。河湟地区灿烂的油菜花逐渐凋落，和小麦、蚕豆、土豆一样，正抓紧时间充盈果实；珠芽蓼、重冠紫菀等高原野花开得漫山遍野，它们要在短时间内完成繁衍任务。

动物们活动频繁：湟水湿地的夏候鸟加紧训练新生的子女飞翔，准备南迁；青海更高一些海拔地区的喜马拉雅旱獭一面为了过冬努力吃吃吃，一面还要机敏躲避天敌（比如普通鵟）的猎捕；青海湖畔的普氏原羚结束了产仔期，新生的小原羚跟着妈妈和比自己大一岁的哥哥姐姐们，开始了草原上的生活。

药草香，旅游热，野外调查忙：农历"六月六"以后，河湟谷地老百姓根据长期经验认为这段时间药草成熟，药效最好，所以乐都、大通、湟中等地民间有"喝药水、拔药草"的传统，大家采集荆芥、薄荷、泽泻、车前子、艾叶等阴干后以备家庭治病之用。

中国科学院西北高原生物研究所的科学家们，趁着植物繁茂、鸟兽活跃的时节到野外常驻，开展辛苦但有趣的调查研究工作。

全国的游客逐凉爽而居，在立秋前后，青海的旅游达到巅峰，各处都迎来了欣赏大美青海、享受干爽低温的人们。此时的青海，虽少盛夏，却灿烂繁华。

在开往秋天的高原列车里，

我向夏天挥了挥手。

荆芥的香气飘过麦田，

多刺绿绒蒿独自轻舞飞扬。

高原鼠兔抬头张望，

大鵟双翅在草原上掠过阴影。

辛勤的科学家低头俯身，

于细微处探寻高原的秘密。

不管有没有夏天，

大自然游吟自得。

自然趣味活动
自然写生，定格大美

用画笔定格青海西宁湟水国家湿地公园的美

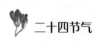

 活动设计

活动框架		具体内容
主题		自然写生，定格大美。
设计意图		立秋时天高云淡，身边的植物生长茁壮、动物活跃，气温宜人，很适合用写生的方式记录自然的美好。围绕这一主题，引导学生用绘画、摄影的方式从各个角度定格湿地公园的动人美丽。激发学生对家乡和自然的热爱，以及想象力和创造力。
活动目标		1.了解立秋节气的基本知识； 2.了解构图、绘画用色的基本技巧； 3.采用适合的绘画工具和创意的自然相框，用绘画或摄影的方式定格大自然的美。
活动准备		绘画工具，创意自然相框。
活动流程	准备阶段	1.了解立秋的河湟谷地的物候； 2.欣赏与立秋有关的古诗和艺术作品。
	艺术活动	1.观察湿地环境，欣赏它各角度和各层次的美； 2.学习构图和用色； 3.手绘美丽的湿地，或者用创意相框定格自然美； 4.课后拓展：通过创意自然相框分享自己想象的故事。

第二节 处暑

处暑是秋季的第二个节气，"处"就是"出"的意思，表示现在已经离开了暑气。高原除了偶尔的晴热，基本开始凉爽，农作物也在渐次成熟。

许多植物在秋天成熟

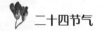

处暑——秋天的童话

长江二首其一

［宋］苏 洞^{jiǒng}

处暑无三日，新凉直万金。

白头更世事，青草印禅心。

放鹤婆娑舞，听蛩^{qióng}断续吟。

极知仁者寿，未必海之深。

处暑三候

一候，鹰乃祭鸟。

二候，天地始肃。

三候，禾乃登。

每年8月22～24日，宣告北半球离开暑气的节气处暑到来。处暑意味着北半球正在离开暑气，风雨携凉爽而至，秋天的童话在我们眼前渐渐展开。

在我国幅员辽阔的土地上，东北地区和西北地区虽然相隔遥远，但都是最先感受到凉爽秋意的地方：天空看起来高远清澈，山野的颜色开始变得层次丰富，植物们继续施展魔力，将积累了几个月的热量和水分转变成各种果实，像宝石一样折射着秋日的阳光，将大自然变得如童话般美丽。

是哪位魔法师把这部秋日童话率先带到了这两个地区呢——这其实是太阳和地球共同完成的佳作：太阳直射点从夏至这天开始，就从北回归线往南跑啊跑，两个月以来北半球的白天越来越短，黑夜越来越长，热量也随之与日递减；而东北和西北地区所处的地球纬度比较高，相对南方来说更早离开太阳温暖的怀抱，所以就会更早入秋啦。

时光轮转，秋天即将成为北方大地童话的主角。青海的广大牧区中纷繁的高原野花进入最后争艳的时节，草原经过短暂的盛绿，开始悄然出现黄色；祁连县的燕麦初熟，与雪山交相辉映出壮观美景。

东部比较暖和的地区，今年的气温和水分配合比较好，民和、尖扎、贵德等地的冬小麦在7月下旬就相继进入了收割期；农业地区灿烂的油菜花海陆续谢幕，结出长长的荚，里面的果实成熟后就可以榨出醇香的菜籽油啦；蚕豆也不甘落后，大大的豆荚替代了白紫相间、仙气十足的蚕豆花儿，沉甸甸地坠在叶子中间；果树们收获多多，海棠、沙果、梨等果实明显开始变得沉甸甸的，表皮颜色也在纷繁的雨水中变得甜美。

处暑期间，你可能会感受到，一场秋雨一场凉，还常伴有雷电。有些地方还可能会发生降水带来的洪水冲垮堤坝等次生灾害。南方地区夏秋也大概率会面临很多的降水，很多地区可能会经历洪涝及降水带来的滑坡、泥石流等地质灾害。那么雷电是怎么产生的，它真的是"渡劫"吗？地质气象灾害又有哪些，怎么预防呢？感谢专业的气象工作者，制作了以下链接中这些一目了然的科普图片和生动可爱的动画小视频，3分钟就把里面的奥秘说清楚啦。

雷电的形成（来自青海省气象局网站）：
http://qh.cma.g。v.cn/qxfw/qxkp/202008/t20200818_19969133.htm

太阳直射点迅速离开北方大地，

一层雨，一层凉，

秋日的童话剧拉开帷幕，

自然的魔法正在上演。

彩虹下的草原吸足了水分，

小麦垂下沉甸甸的穗子，

海棠的笑脸红了，

刺儿菜的种子随风旅行。

几千里之外，东北的孩子手捧榛子，

笑声在山野间回荡，

"你看你看！"

时光轮转，童话从未谢幕。

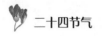

自然趣味活动
天上的星星会说话

秋季的星空格外清透

活动设计

活动框架		具体内容
主题		天上的星星会说话。
设计意图		秋季青海的雨水渐少，天高云淡，大气中的水蒸气渐少，透明度变高，我们能够更加清楚地在夜晚观察到星星。星空就是天上的地图，包含了很多天文秘密。四季的区分、二十四节气的确定就与星空密不可分。北斗七星是人们熟知的形象，通过建构模型形象地表现北斗七星，引导学生了解北斗七星和北极星的位置关系，明白北斗七星在不同季节斗柄朝向不同的原因。
活动目标		1.了解处暑节气基本知识，知道秋季更容易观测星星的原因； 2.了解北斗七星和北极星的基本知识； 3.知道北斗七星的斗柄与季节的关系，及背后的科学原理。
活动准备		彩色工字钉，海绵，指南针，手电筒。
活动流程	准备阶段	1.了解处暑节气河湟谷地的物候； 2.欣赏与处暑有关的古诗和星空图片。
	科学活动	1.了解秋天的天气特点； 2.学习观星的基本方法和天文学基本知识； 3.认识北斗星，制作一个北斗星模型； 4.通过模型了解北斗七星指示四季的原理； 5.课后拓展：夜间观星活动。每隔15天在户外或自家阳台观察北斗七星，把它的样子画下来，坚持下去看看它斗柄的朝向是不是和课上说的规律一样。

第三节 白露

白露是秋季的第三个节气，表示孟秋时节的结束和仲秋时节的开始。白露这个名字表面上在说水，实际上是用露水表示气温，说明这是一年之中昼夜温差最大的时候。

白露时节天地高远

白露——露从今夜白，金风麦豆香

北方的大地像一个小朋友，从每年立春伸着懒腰醒来，随着时光长大，在春季里蹦蹦跳跳，到了夏季尽情舞蹈。从立秋开始，它追随太阳的脚步，开始变得沉静稳健，在北雁南飞和麦豆成熟的节奏中，北半球在每年9月7～9日，都会走入一个名字和物候都诗情画意的节气——白露。

白露自带诗歌气质，无数文学家在此时从美丽的大自然中获得灵感，妙手成佳句："金风玉露一相逢，便胜却人间无数""露从今夜白，月是故乡明"，等等，"蒹葭苍苍，白露为霜"更是白露主题的作品中大家喜爱的《诗经》名句。秋水之滨，蒹葭开花成片；萧风渐起，露珠凝白成霜。这个画面被谱成歌曲、写进小说，已成为流传千年蕴含着中国独特审美的秋天意象。这段时间你就可以在青海湟水国家湿地公园中看到这个经典美景。

诗中的"蒹葭"，并不是神秘的植物，它就是全球都常见的芦苇，喜欢长在空旷的水边。芦苇除了造型优美可作景观植物外，它几乎全身都有通气组织，所以还是一名能干的污水净化工程师。

在二十四节气中，名字里标明季节时间点的最多，比如立春、立夏、立秋、立冬、春分、夏至、秋分、冬至这8个，其中，春分与秋分还包含了昼夜时长的特点；关于气温的也不少，小暑、大暑、处暑、小寒和大寒都属于这类；还有着重水分这个物候元素的，比如，雨水、小雪和大雪；侧重植物生长特征的有芒种与小满，关注动物状态的则有惊蛰；还有兼顾两种物候要素的，比如，谷雨同时反映了农作物和水分，霜降同时反映了气温和水分。

而白露与一个月后的节气寒露一样，名字看起来是说水分，实际说的是气温。小伙伴们最近常讲"早晚温差大""不知该怎么穿衣服"，很真实地说出了白露的特点：它是一年中几乎温差最大的时节。白天气温不是特别低，但北方冷空气步步南下，夜间已经很凉，所以在清晨可以看到土壤蒸发出的水分和空气中的水分在植物、石头表面冷凝为晶莹剔透的露珠。古人见微知著，借由这个小小的很好记忆的物候现象告诉

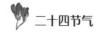

大家，现在从暑热过渡到凉爽，秋天真的来了。

白露的美好，还闪烁在丰收在望的田间地头。气温较高的华北地区山中植物依旧葱茏，栗子等山果成熟，而此时青海河湟地区田野色彩丰富好似油画，春小麦、蚕豆、油菜等各类农作物即将成熟。在气候条件比较好的地区，比如热贡，麦子已经开始收割了。牧业区草原渐黄，牧民们伴着秋雪和凉意转出夏季牧场，开始计划储备饲草帮助牛羊过冬啦！

如果想了解更多一些，还可以在网页中输入以下链接，看青海省气象学家讲秋收：

《青海：麦类作物普遍进入乳熟期气象条件有利于作物生长》

http://qh.cma.gov.cn/qxfw/qxsp/zjft/202008/t20200826_2024385.html

秋水起了金风，

芦苇沉下花穗，

一颗小露珠里，

折射着愈加高远的天地。

天地间牛羊缓行，

麦豆将熟，

空气中满是白露的味道。

自然趣味活动
圆圆的水精灵

白露时节清晨植物叶片表面晶莹剔透的露珠

活动设计

活动框架		具体内容
主题		圆圆的水精灵。
设计意图		白露时节是一年之中昼夜温差最大的时候，催生了大量的露珠。围绕露珠引导学生通过动手实验，观察露珠形成的过程，感受它的表面张力，通过有趣的观察和操作学习到背后的科学知识。
活动目标		1.了解白露节气基本知识； 2.了解露珠形成的原理； 3.知道落在植物上的露珠是圆的，因为水有表面张力。
活动准备		装水的烧杯，滴管，玻璃片，硬币，抹布。
活动流程	准备阶段	1.了解白露节气河湟谷地的物候； 2.欣赏与处暑有关的古诗； 3.讨论露珠这一自然现象的特点。
	科学活动	1.圆圆的露珠在哪里？ 2.实验观察：露珠从哪里来？ 3.实验探究：水的表面张力； 4.课后拓展：露和霜的区别。欣赏和拍摄早晨的露珠。写一首关于露珠的小诗。

秋季的青海西宁湟水国家湿地公园斑斓可爱

第四节　秋分

秋分是秋季的第四个节气，太阳直射点继春分之后，再次落在赤道上。它是个公平的节气，平分了秋季，平分白天与夜晚的时长，还平分了本年的收割与下一年耕种。

河湟地区秋色缤纷

秋分——秋分分的是什么？

随着节气白露的优美意境，河湟地区更深入地进入了天高气爽的秋季。每年9月22～24日，一个隆重的节气——秋分都会来到北半球。这个名字里带"分"的节气非常特殊，在2021年更是不一样。

第一，与其他节气一样，每年秋分降临的具体时间点都不一样。根据记载我们发现，2021年秋分到来的时刻是124年以来最早的一次；也就是说，上一次比2021年秋分更早的远在1896年，那时还是清朝呢。

第二，秋分是隆重的"中国农民丰收节"。随着秋季气温迅速下降，各地农业秋收的节奏格外紧张；在内地很多地区，它更是秋耕和秋种的起点，南方播种油菜、小麦，北方开始种冬小麦。三秋，决定了一年农业的收成，因此在2018年，我国将秋分正式定为"中国农民丰收节"。它是我国第一个国家层面上为农民、农业、农村设立的节日，表达了咱们国家对"三农"、农耕文化传承节气智慧的重视。

第三，秋分是一个"公平"的节气。它与春分一样，名字里都有一个"分"字，它分的是什么呢？这里面有3层含义。

第一层，平分昼夜。与春分一样，此时太阳直射点到了赤道，今天的白天和黑夜长度都是12个小时，之后北半球的白天越来越短，夜晚越来越长，所以气温会下降很快。

第二层，平分秋季。秋分刚好平分了天文学意义上的秋季，处在秋季的中间。

第三层，就是我们前面提到的，它是一年收割和耕种的分界点，既有对一年的收获和总结，又有新的开始，对农业来说意义重大。

从秋分开始，雨水渐渐减少，空气转向清凉干燥。很多人发现，这段时间很容易打喷嚏、眼睛痒、流眼泪，以为自己着凉感冒了，没有去医院就诊就忙着吃药。实际上，这种症状真不一定是感冒，需要就医检查，对症下药。因为立秋以来，我国北方地区很多蒿属植物正值开花传粉的季节，再加上多风和干燥的空气，因此会集中爆发"夏秋季花粉症"，给很多人带来过敏症状。大自然与我们的身体状态分不开，应四季

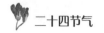

二十四节气

而行、顺时节而动，使人更容易拥有健康的身体和舒畅的心情。

秋分　夏鸟南迁

跟着节气游湟水。

时光的天平，

运行到了秋分，

平分昼夜与秋季，

平分丰收与耕种。

麦粒中藏着去年的付出，

牧场上孕育着明年的希望。

秋分的时刻，

你可感受到地球与身体的平衡？

自然趣味活动
河湟谷地的自然与美食

秋分时节河湟谷地有很多果实接近成熟了

 活动设计

活动框架		具体内容
主题		河湟谷地的自然与美食。
设计意图		大自然是人类美食的来源。秋分到国庆期间，青海的农作物进入繁忙的收获期，野生的植物有时也会为我们提供风味丰富的美食。河湟谷地有哪些美食来自神奇的植物？围绕这一主题引导学生建立饮食与自然之间的联系，激发对自然和生活的尊重与热爱。
活动目标		1.了解秋分节气基本知识； 2.了解河湟谷地农作物成熟规律； 3.了解几种本地美食与植物之间的故事。
活动准备		准备成熟的农作物样品和美食图片。
活动流程	准备阶段	1.了解秋分节气河湟谷地的物候； 2.欣赏与秋分、中秋节有关的古诗； 3.讨论秋分和中秋节本地的习俗与美食。
	科学活动	1.收获的季节：农作物大家庭的成熟时间表； 2.美食从哪里来？ 3.本地植物与美食之间的故事； 4.课后拓展：用彩泥制作本地农作物果实及美食。

第五节　寒露

寒露是秋季的第五个节气，表示气温从凉爽向寒冷过渡，地表的露水更冷，快要凝结成霜了。

霜降时节河湟谷地大部分地区迎来了初雪

寒露——凝光寒露黄河清

在1200多年前的一个寒露时节，唐代诗人王昌龄留下了意境悠远的名句："紫葛蔓黄花，娟娟寒露中。朝饮花上露，夜卧松下风。"他说看到菊花和紫葛在寒露中婵娟开放，他每天享受着大自然的恩惠，在露水与松风中洗涤灵魂，觉得"寥寥天宇空"，心境像宇宙一般宽阔明朗。千年以来，10月7~9日在北半球，这个代表暮秋的节气——寒露都会如约而至。

全年有两个名字中带"露"的节气，都标志着气温的转折——白露时由热转凉，寒露则真正由凉转寒。

如果你生活在黄河上游和湟水流经的河湟谷地，可以在每个节气到来时与家人、伙伴一起观察一下，周围的大自然中有哪些物候现象。比如，在青海西宁湟水国家湿地公园的河畔，感受和观察当天的气温、天气现象、河流、鸟类、昆虫、其他小动物、土壤等的特征和变化，等等。

你还可以用文字和图画的方式，把湟水湿地这些有趣的信息记录在一个自然笔记本上，并且和同时期黄河中下游的节气物候比较一下，有哪些相同点，有哪些不同点。经过这样一年的观察，你将拥有一份属于自己和本地自然环境的节气物候笔记，能够向大家讲出河湟谷地生动的自然故事。这种物候笔记可以做几年甚至更多年，它是二十四节气自然人文智慧在现代社会的鲜活体现，传承了中华文明中优秀的自然智慧。

"秋冻"冻到什么时候：国庆期间，河湟地区的气温往往明显降低，但又听俗语讲"春捂秋冻"，所以很多人困惑到底该什么时候加衣服呢？老百姓通过长期观察，发现立秋后还会热一段时间，不需要马上穿厚衣服，所以总结了"秋冻"的穿衣指南。但是，智慧的古人没有停止探究，继续观察总结，发现"秋冻"的终止点就是寒露前后，所以还有一句俗语"白露不露身，寒露不露脚"。白露时不再适合穿短裤短袖，到了寒露就应该赶紧换上暖和的鞋袜啦。

了解完"秋冻"，可能你会问"为什么我们两广、海南、福建、台湾寒露时还很

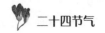

热，可以继续穿短袖呀？青藏高原一些地方早早下起了雪，一个月前就需要加衣服了呢！是不是二十四节气不准确呀？"这真是个好问题！那就一起回到古代的黄河流域去一探究竟吧！

二十四节气的小时候：几千年以前滚滚黄河为中原地区带来了肥沃的土壤和充足的水分，再加上良好的气候条件，农作物产量比较高，所以那里孕育了璀璨的农耕文明，逐渐发展成当时我国的政治经济文化中心。随着农耕文明的发展和需要，中原黄河流域的劳动人民最早总结出了二十四节气，并开始不断地完善它。

春秋时，人们通过观察白天黑夜的长短，确定了夏至和冬至，把一年平分为二。战国时，人们的观测能力进步了，不但清晰划分出四季，还用立春、春分、立夏、夏至、立秋、秋分、立冬、冬至这八个节气把一年分成八等份。西汉时，《淮南子》中第一次完整叙述了二十四节气。公元前104年，二十四节气第一次进入历法，成为中国农历的一部分。之后，漫长岁月中，智慧的劳动人民、主管天文历法的官员们一直在不断根据实际情况完善着二十四节气：五日一候，三候为一节气，六个节气为一季节，四个季节构成一年。它兼顾了太阳和月亮的变化，同时吻合阴历和阳历，为农耕生产和日常生活提供着长期的智慧指导。

所以，二十四节气最早诞生于以温带季风气候为主的中原黄河流域，它记录的气象物候变化对这个地区来说是最准确的。

从空间维度来看，长江流域、珠江流域的人们在长期的农耕文明中也借鉴黄河流域总结节气的方法，发展出了属于本地的独特的丰富经验，每个节气都有与中原黄河流域不同的物候智慧。比如小满这个节气，在黄河流域代表着小麦这类有芒作物的籽粒即将饱满，但在长江流域说的就是降雨量开始很大，"小满小满，江河湖满"。

二十四节气是大自然和人类文明的共同产物，有着鲜活的生命力，所以随着时空变化，节气体系也会获得相应调整。如果生搬硬套、死记硬背，就失去了它的真正意义。

比如，从时间维度看，几千年以来有些地区的气候发生了变化，古人记录的有些物候到了今天就要应时改变，才能更好地服务于我们现在绿色发展、生态保护的新需求。

九曲黄河，奔腾向前。
厚积薄发，文明浩瀚。
生态优先，绿色发展。
弘扬文化，幸福自然。

自然趣味活动
诗词中的节气

河湟谷地诗情画意的自然风貌

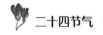

 活动设计

活动框架		具体内容
主题		诗词中的节气。
设计意图		大自然为我们提供了衣、食、住、行的资源，也为我们提供了审美娱乐的无穷素材。白露到寒露这段时间，气候特点带来的优美景色令从古至今的诗人墨客创作出了大量经典诗词作品。引导学生通过欣赏相关文学作品，了解节气和物候知识，激发对家乡、生活与自然的热爱，以及学生的想象力和创造力。
活动目标		1.了解寒露节气基本知识； 2.欣赏节气相关诗词； 3.培养文学修养和审美能力。
活动准备		相关诗词和图片。
活动流程	准备阶段	1.了解寒露节气河湟谷地的物候； 2.欣赏与白露、寒露有关的图片与诗词； 3.趣味问答：还了解哪些关于秋天的诗歌？
	文化活动	1.物候节气连连看； 2.朗诵与分析节气诗词； 3.创作属于自己的诗词绘画； 4.课后拓展：收集关于其他节气的诗词，从中找到有趣的知识点。

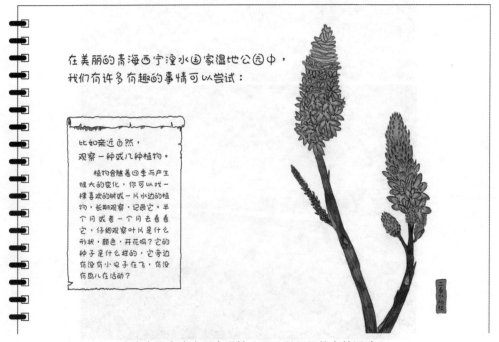

在青海西宁湟水国家湿地公园可以开展的自然活动

第六节　霜降

霜降是秋季的最后一个节气，表示天气逐渐变冷，露水已经结成了白霜，河湟谷地此时还常会迎来初雪。有一些蔬菜、水果经过霜降会更美味。

霜降时节的斑斓秋色

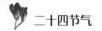

霜降——不要只想着霜打的菜好吃呀

1200多年前的大诗人白居易很爱吃白菜。他晚年定居在洛阳白碛（qì），那里特产非常美味的大白菜，据说细嫩无筋。白居易曾专门写了首朴实可爱的诗来盛赞："浓霜打白菜，霜威空自严。不见菜心死，翻教菜心甜。"这首诗诞生在霜降这个节气的前后，既是写白菜要经霜打才甜美，也是写人生经过历练才会内敛充实。

每年的10月23~24日，霜降这个天文学意义上秋季的最后一个节气都会如期而至。

霜、霜降与霜冻，你能区分清楚吗：很多人都和白居易一样，感受过霜打蔬菜的美味，但是又常听说"霜冻"是一种灾害。那到底霜好还是不好呢？在这里为你科普一下吧——霜指的是地面的水汽遇到0℃甚至更低的气温，在植物叶片、石头表面凝结成白色冰晶的一个气象现象。它不一定是坏事。比如，霜覆盖在蔬果表面，使它们体内发生葡萄糖增加的神奇变化，导致大白菜、葡萄等的口味更加香甜。

霜打的蔬果好吃，但农民们却要时刻提防霜冻现象的发生。霜冻是一种威力很大的气象灾害，指的是气温突然降低，把农作物冻伤甚至冻死，民谚"霜冻杀百草"和诗句"风刀霜剑严相逼"都很形象地描述了它的危害。所以，危害农作物的并不是霜而是霜冻。

节气霜降经常被人误解为"降霜"，实际上它的重点是气温。虽然在它前后常伴随着霜的出现，但更主要的含义是此时较强的冷空气来了，以及昼夜温差很大，提醒人们注意加衣防寒，抓紧秋收，同时也要注意霜冻灾害的出现。

实际上，我国很多地区霜冻灾害不仅发生在秋冬，也会发生在春季。春季的霜冻常常使娇嫩的果树花朵受到急冻而凋零，果农则会遭受重创。

秋季最早一次出现的霜叫作"初霜"，春季最后一次出现的霜叫作"终霜"，终霜到初霜之间的这段日子，就是著名的"无霜期"，它对农业的意义很大。无霜期短的地区，比如青藏高原的果洛、玉树、祁连山等地区，农作物的生长时间和种类有限；无霜期长甚至终年是无霜期的地区，比如广东、广西、福建、台湾，常年可以种植农作物，种类也很丰富。

青海的大部分地区可能会在国庆节前后，陆续进入气象学上的冬天，秋收结尾，牧草枯黄。在霜降前后，大家可以到西宁湟水国家湿地公园斑斓秋景里，仔细找找植物、石头、土壤的表面有没有霜的痕迹。相信有气象科学的预测和发展，我们将有更强的能力规避霜冻的危害，更安心地享受白居易赞颂的霜打白菜，品味其中自然的智慧。

碧云天，黄花地，

柿儿沉，白菜甜。

万山红遍，层林尽染，

牧草苍茫，麦粒归仓。

时光不老，智慧有光。

跟着节气游湟水。

霜降 碧云初霜送冬来

自然趣味活动
叶子为什么会变色？

霜降前后，很容易在叶片表面看到薄薄的霜

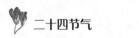

活动设计

活动框架		具体内容
主题		叶子为什么会变色?
设计意图		霜降时节,树叶已经变得五彩缤纷,并且开始凋落,景色分外迷人。树叶有哪些形状?叶脉是什么样的?树叶到了秋天为什么会变色。围绕这些问题,引导学生通过观察、实践探索植物叶片的秘密。
活动目标		1.了解霜降节气基本知识; 2.认识各种常见树叶,知道树叶形状的分类; 3.了解树叶变色的原因,探索大自然的秘密。
活动准备		相关诗词和图片,硬卡纸,木板,小刷子(用来刷掉叶肉),水,装水的容器,笔,适当颜料(创意贴画可能需要用到)。
活动流程	准备阶段	1.了解霜降节气河湟谷地的物候; 2.趣味问答:霜降时节你喜欢去哪里赏秋?
	文化活动	1.收集树叶,初步观察树叶; 2.叶子为什么会变色?了解变色的原因; 3.制作硬卡纸叶脉书签,或者树叶创意贴画; 4.课后拓展:去户外收集落叶,用书签、贴画等方式建立自己的树叶档案册。

冬

湟水之冬
Winter of Huang Shui

冬季的湟水湿地，严冬漫长，北风寒冷，雪封大地，草木酣梦，常留鸟勤勉觅食，冬候鸟数九相伴。

立冬——冬鸟来憩
小雪——泽泻沉雪
大雪——天鹅翩翩寒江雪
冬至——蒹葭茫茫迎日归
小寒——冰河闪光
大寒——雪蒲盼春来

第四章

冬季

河湟谷地雪中休憩·孕育新

第一节　立冬

立冬是冬季的第一个节气，这不仅是收获、祭祀与
丰年宴会隆重举行的时间，也是寒意渐浓的时节。

立冬前海拔较低的西宁市西山层林尽染

立冬——温情脉脉的终结者

每年的11月7~8日，二十四节气中的一个季节性节气立冬降临北半球。"冬者，终也，万物收藏也。"冬季，就是一年四个季节中的终结者——春种、夏长、秋收、冬藏、进入冬天，黄河流域的人们在田里的劳作结束了，收藏好作物之后开始转入水利修建等其他农事活动。

"四立"中的最后一位：在二十四节气漫长的发展史中，夏至和冬至是最早确立的两个节气；紧接着出现了春分和秋分；随后"四立"诞生，也就是四个季节的起始点立春、立夏、立秋和立冬。第一个"立"是立春，代表着一年的开始，最后一个"立"就是立冬，它是我国传统四季划分方法中冬季的起始点。

北方下雪，南方开花：实际上立冬前，青藏高原很多地方已经进入了气象学中的冬季（连续5天日均温≤10℃），我国黄河中、下游地区也快结冰了，北方大地约三分之二进入气象学冬季。然而此时，南方的广大地区还比较暖和，可以享受一下风和日丽、温暖舒适的"小阳春"（立冬到小雪期间），甚至会出现恍若春天"二度开花"的有趣现象。

候鸟越冬，生态向好：动物精灵们总是随自然的规律而生息迁徙。青海西宁湟水国家湿地公园已经成为候鸟迁飞过程中重要的栖息地，这里的鸟类有152种，其中，冬候鸟20种，夏候鸟15种。属于国家一级重点保护野生动物的有黑鹳、草原雕、白尾海雕3种，国家二级重点保护野生动物的有大天鹅、鸳鸯、班头秋沙鸭等19种。

温暖还有余额吗：立冬前，青海的小伙伴已经能感受到北方来的阵阵冷空气，在比较冷的年份，河湟谷地有可能已经迎来了初雪。那立冬就到了一年之中最冷的时候吗？智慧的古人早有总结，立冬时大地的温暖仍有余额，从冬至开始数九，才会进入一段最冷的"三九"时期。

现代的气象学能够解释背后的原因：虽然立冬时节，北半球获得的太阳辐射热量越来越少，气温不断下降，但地表还储存了一部分下半年的热量，所以立冬时我们感觉还不会太冷。但到了冬至，地表储存的热量消耗差不多了，才真正开启万物肃杀的严冬。

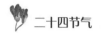
冬季之王的银白帷幕，
在此刻隆重揭起。
高原山舞银蛇，南方阳春花开。
青海湖上，祁连山下，
飞鸟入水，万类自由，
苍茫大地，自然法则。

自然趣味活动
千奇百怪的种子

初冬可以观察到很多植物的果实，它们的种子就被包裹在其中

 活动设计

活动框架		具体内容
主题		千奇百怪的种子。
设计意图		在立冬前，农作物被陆续收割完毕，很多植物的种子会被仔细收藏起来，以备下一次播种。种子既是植物生命周期的结束，也是开始。大自然中的种子形态各异，不同的种子会长成不同的植物，就算是同一棵植物，也不会结出两颗完全相同的种子。围绕种子的主题，引导学生感知种子蕴含的神奇力量，认识到中国大地上南北方植物及农作物种植的差异，激发学生对植物种子的探索兴趣，培养学生长期坚持观察、记录的习惯，发挥学生的想象力和创造力。
活动目标		1.了解立冬节气基本知识； 2.知道种子的基本结构，能用科学的方法观察种子； 3.了解中国和青海主要的经济作物，分析种植区域的异同。
活动准备		中国地图，青海省地图，各类种子，白胶，卡纸，彩笔，大白纸。
活动流程	准备阶段	1.了解立冬节气河湟谷地的物候； 2.趣味问答：说说你知道的经济作物。
	文化活动	1.认识和辨别千奇百怪的种子； 2.了解种子的成长； 3.认识中国和青海主要的农作物； 4.用种子作画； 5.课后拓展：收集各类种子，为家乡做一份种子地图。

第二节 小雪

小雪是二十四节气中的第二十个节气，也是冬季的第二个节气。此时的降雪对农业和杀灭病毒都很有益。小雪也是人们开始用发酵、腌渍等各种方法保存美食的时候。

小雪时节的河湟谷地，水面逐渐开始结冰

小雪——来自大地和人类智慧的美味

"冬腊风腌，蓄以御寒。"在每年的11月22～23日，一个代表着水分变化，启动人间美味的节气正好来到我们身边，它就是"小雪"。

一片两片三四片：立冬后，强冷空气继续南下，我国北方大部分地区开始降雪。30年来的气象记录显示全国各省会城市中，西宁初雪到来的平均日期位居榜眼，仅稍晚于乌鲁木齐。

古书《群芳谱》里有描写这个节气的句子："小雪气寒而将雪矣，地寒未甚而雪未大也。"所以，小雪的"小"字，更多是在描述下雪的概率——天气很冷，降水的形式开始从雨转变为雪；但又不够冷，所以这段时间下雪次数少，量也不大。此时，甚至会出现"雨夹雪"的现象。有的地方路面下雪即干，有的则会落地成泥。

你可以特别关注一下在小雪节气前后，在青海西宁湟水国家湿地公园或者河湟谷地的其他自然环境里，有没有冬季降水增加的迹象呢？

小雪前古人又喜又愁：高兴的是此时丰收啦，发愁的是怎么把这些劳作一年的成果保存好，最好可以坚持一年那么久呢？古代没有冰箱冰柜，所以劳动人民就琢磨出了不起的储存方法：在小雪前后用腌渍、风干等方法保存蔬菜和肉类，大自然和人类一起，成就了二十四节气中的重要美味——腌菜、香肠和腊肉。

缺少新鲜蔬菜的冬季，田地还没有收获粮食蔬菜的春季，尝一筷腌渍入味的酸菜炒粉条，几片独具风味的腊肉和香肠，或者像青海河湟地区的人家，用菜籽油泼在放了花椒的新腌花菜上，红白相间，酸酸爽爽，看着屋外飘飘的小雪，品尝劳动的果实，正是人间好时节。

雪是被子也是超棒的"保健品"：常言道"瑞雪兆丰年"。雪可以盖住并保护农作物，让它们周围的温度不会太低。而且雪是最好的营养液，雪水中含氮量比一般雨水高4倍，它可以同时为土壤补充养分和水分，特别有利于来年春天农作物生长。

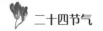

古人没有现代农业科学，但通过长期观察和实践，很智慧地把这个现象总结成一句谚语，恰好呼应了科学原理"今年麦盖三层被，来年枕着馒头睡。"

看完这些，你是不是也对小小雪花多了一份不同的认识呢？在此分享清代郑燮的名诗《咏雪》，为了对应此时河湟地区物候和雪的贡献，改动了末句的一个词。

一片两片三四片，

五六七八九十片。

千片万片无数片，

飞入大地都不见。

（原句"飞入梅花都不见"）

自然趣味活动
看不见的魔法师

细菌和真菌可以霉变掉落的果实，人们也可以用它来制作美食

活动设计

活动框架		具体内容
主题		看不见的魔法师。
设计意图		小雪前后，人们开始用发酵、腌渍、腊味等方式大量保存食物，以备缺少新鲜菜蔬的冬季食用。发酵、霉变是人类主动利用细菌、霉菌的创举，它们不但带来了很多美食，也避免了食物的浪费。小小细菌和霉菌如何施展魔法？哪些可以带来美食，哪些却会致病甚至致命？围绕这些问题引导学生探索看不见的小小生命。
活动目标		1.了解小雪节气基本知识； 2.认识霉菌，区分它和其他真菌； 3.了解几种细菌和真菌的重要作用； 4.知道它们生长所需的环境。
活动准备		霉菌的图片，腐乳，酸菜，酸奶，馒头，霉变物，湟水自然笔记本，彩笔。
活动流程	准备阶段	1.了解立冬节气河湟谷地的物候； 2.趣味问答：我们身边的哪些食物和饮料经历了发酵和霉变？
	文化活动	1.我来找"菌"：身边有哪些菌？ 2.我会认"菌"：它们的特征是什么？ 3.我会养"菌"：设计一个培养菌的小计划； 4.我来画"菌"：把课上最感兴趣的菌画下来； 5.课后拓展：在家尝试发酵一块面团，观察记录它的变化。

青海西宁湟水国家湿地公园适合四季观鸟

第三节 大雪

大雪在每年的12月6~8日，它和小雪一样，也是冬季表示降水的节气。"大者，盛也"，这段时间将有更多下雪的机会，降雪的地区也会更广。

河湟大雪，惟余莽莽

节气读本

大雪——雪中的国宝越千年

每年的12月7日前后，都会有许多六角形精灵纷纷飘落在北半球，宣告大雪的到来，它和雨水、谷雨、小雪一样，都是反映降水的节气。大雪节气对应的英语是heavy snow 或 frequent snow，意思是气温继续下降，将会有更多下雪的机会，降雪的地区也会更广。

此"大雪"非彼"大雪"：我们经常会看到天气预报中提到"大雪"，它其实是气象学上的一个概念，指降雪强度较大的雪，而且有明确的标准，比如，下雪时能见度很差，水平能见距离小于500米，地面积雪深度≥5厘米，或24小时内降雪量达5.0～9.9毫米的降雪就称为大雪。

其实我国北方全年降雪量最大的时候也并不是在大雪节气，而是在年初到接近春天的那段时间。节气大雪指的是这个节气期间的气候特征，和天气预报里的大雪并没有必然的联系。但是节气大雪有很重要的提示功能，它提醒人们特别是农牧民，现在是强冷空气最频繁的时候，降雪机会将比节气小雪时更多，降雪量和下雪的范围都会增加，要注意安排相应的生产生活。

飞羽精灵随节气而动：鸟儿们随着大自然的节奏而动，会形成独特的物候。大雪前后，有的鸟类将迁徙到南方暖和的地方；有的鸟类从更北边更寒冷的地方移居到青海；有的鸟儿则是在省内迁徙，找到更适合过冬的乐园。许多冬候鸟从9月底开始，陆续从北边飞到青海的湿地来"过寒假"，在这里有水、食物和安静的栖息环境，比起西伯利亚、蒙古国此时的酷寒来说舒服得多。因此，在这段时间里，你可以在青海西宁湟水国家湿地公园里观测到多达20种冬候鸟，比如，大天鹅、普通秋沙鸭、小太平鸟等，欣赏这些了不起的旅行家在湟水湿地安然休憩的自然画卷。

三幅国宝中的人与自然：我们都学过唐代大家柳宗元的山水名诗《江雪》，"千山鸟飞绝，万径人踪灭。孤舟蓑笠翁，独钓寒江雪。"这首诗如同无形的画，把千年以前大雪时节覆盖白色积雪犹如水墨般的山水中，那种空阔寂寥的意境简洁地呈现在我们面前，其中自然与人的关系一直被反复品味琢磨，堪称生态环境与人文艺术的完美结合。

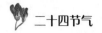

这首诗特别受到历代画家的喜爱，以它为主题创作了很多以《寒江独钓图》为名的画卷，其中不乏传世名作。第一幅《寒江独钓图》是南宋画家马远的巅峰之作，他用渔翁蜷缩的身体表现出了当时逼人的寒气，在画中用大量留白传达出幽冷萧瑟的意境，是中国画中运用虚实的极高境界。

第二幅是明代朱端创作的《寒江独钓图》，画中为渔翁披戴上了蓑衣和斗笠，用覆盖重雪的树和阴沉的天恰到好处地描绘出大雪时节的山水特征，整幅画透露着冬季独有的清冷气氛。

马远和朱端的两幅《寒江独钓图》都曾收藏于圆明园，可惜后来流落在外，现存于日本东京国立博物馆。

我国仅存的《寒江独钓图》名作，也是本文介绍的第三幅，是明代袁尚统的作品。画卷中积雪面积更大，用山、水、树、一叶小小的篷船，衬托出大雪节气中冬季的冷冽幽远。

千载以下，人与环境密不可分，自然与艺术、文化、历史更是生生相息。青海的艺术家们，也正在创作出越来越多反映高原二十四节气物候的优美作品。这其中，雪山壮美、清水流长、鸟兽活泼、植物蓬勃，人们在绿水青山的生态画卷中与自然和谐共生。

扑簌扑簌，是雪落的声音。

千年以前，曾有一位渔翁和江雪入画，

被举世叹赏。

高原的大美自然，与你我和谐共生，

也将源远流长，成为传世的瑰宝。

自然趣味活动
我也可以变出"雪"

近距离观察雪花的形态

活动设计

活动框架		具体内容
主题		我也可以变出"雪"。
设计意图		大雪节气的意思是下雪的可能性大大增加。雪能够保护植物周围温度不会太低,也能够增加土壤的水分含量。雪花年年都飘落在我们身边,但是很多学生对雪花却很少仔细观察过。是不是每一片雪花都是六角形呢?怎么人工造"雪"?围绕这些问题,学生将见识到微观的雪花世界,了解背后的科学原理,还将通过趣味实验,了解了一种人工造"雪"的方法。
活动目标		1.了解大雪节气基本知识; 2.了解世界上第一个拍摄、研究雪花的专家威尔森·班特利的故事,学习他坚持不懈的精神; 3.了解雪花形成的原因; 4.学会人工降"雪"。
活动准备		高清雪花图片,蓝色蜡笔,彩纸,剪刀,聚丙烯酸钠,水,透明杯子,各色毛线等雪人装饰品。
活动流程	准备阶段	1.了解大雪节气河湟谷地的物候; 2.趣味问答:大雪时还有哪些植物是绿色的?
	科学和艺术活动	1.谚语说大雪; 2.了解"雪花人"威尔森·班特利; 3.雪花都是六角形的吗? 4.我的雪花我做主:尝试用化学试验造雪; 5.我会人工造"雪"啦!做一个可爱的小雪人。

冬季的青海西宁湟水国家湿地公园旷远活跃

第四节　冬至

冬至是二十四节气的第二十二个节气，它和夏至是中国历史上最早确定的节气。冬至时太阳直射南回归线，然后开始北返。这一天北半球白昼最短，黑夜最长，但之后黑夜一天天缩短，因此，很多地方会将冬至视为一年的最后一个节气。

冬至时青海群众喜欢吃的土火锅

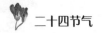

节气读本

冬至——土火锅的满福，人间的金光时刻

每年的 12 月 21～23 日，冬至都会隆重降临北半球。由于今天太阳直射点已向南走到了极限，马上要走"回头路"了，所以冬至非常重要，它和夏至是二十四节气中最先确立的两个大节气。

北半球的一年之中，冬至黑夜最长，白天最短。这一天地球得到的太阳辐射最少，比南半球少了约 50%，天气继续走向寒冷。从今天起，中国传统的"数九"开始了，孩子吟唱"九九歌"，百姓点画"九九寒梅图"，气温在"三九""四九"时达到最冷，然后大地开始回暖。中国人喜欢用各种美食和仪式庆祝这个特殊的日子，甚至有"冬至大过年"的说法，表达对自然的尊重和度过三九隆冬的决心。

土火锅美味补身：青海河湟谷地孕育了很多精彩的美食，它们应天时，顺自然，发展出青藏高原独有的节气美食文化，比如冬至的美味土火锅。人们辛苦劳作一年加上即将迎来最寒冷的日子，所以冬至时节百姓很重视阖家团聚，这时除了饺子，能够暖身又气氛隆重的土火锅，就自然成为全桌当之无愧的焦点。圆形的铜锅可以让一家大小团团围坐，它热气腾腾、营养丰富，为身心送上满怀熨帖，所以土火锅在河湟冬季美食文化中有着不可替代的地位。

与我国其他地方的很多火锅种类不同，青海的土火锅端上桌时，里面的内容就已经丰富得冒尖了：肉片、丸子、洋芋、酸菜、粉条、豆腐、蘑菇……围绕着铜锅的小烟囱，被一层层堆叠得像艺术品一样，旺旺的炭火把锅烧得滚烫，鲜美的汤汁咕嘟咕嘟沸腾着，涌动着热气和让人无法拒绝的香味。人们好像寻宝一样用筷子在锅里找自己爱吃的食材，一边找一边喜气洋洋地讨论，气氛非常热闹。

此时，再配上一盘金黄酥脆的馍馍片和前些天腌好的酸菜，真是美好的大节气氛。

很多青海人吃到酣畅，常常摸着肚子享受地说一声"满福"。美食是大自然的赐福，也是人们辛苦劳作的成果，在即将迎来最冷日子的时刻，用一锅美食敬自然也敬自己，把人间烟火与冰天雪地融为一体，这正是节气的魅力之一。

"正大光明"的金光奇景：历代皇帝都重视冬至，在这一天举办至高典礼，比如清朝，皇帝会在天坛举办祭天大典。在故宫中，每年冬至还会出现一种奇特景象，平日正殿乾清宫的深处几乎照不进阳光，但每到冬至的正午十二点，乾清宫正中挂的匾额上，"正大光明"四个字和下面的五条金龙会被一线阳光自左而右、自西向东依次打亮，散发出灿烂的金光。这个奇观一年中只能在这天正午得此一见，其实它是古代工匠的巧妙设计：他们精准地观察到冬至北京的日照角度，然后通过建筑设计让冬至这一天的阳光照射到乾清宫光亮的地砖后，刚好反射到正大光明匾上，用物理与天文现象把古代皇权完美表现出来。

自然与人，太阳直射点的南行与北返，无论是看似遥不可及的皇家祭祀与百姓团圆气氛，还是至暗与"金光"，冬至都是一个融合了很多有趣反差的重要时刻，你有没有在其中感受到自然与人文结合的奇妙呢？

高原莽莽，大湖冰封。

天地肃穆，数九隆冬。

太阳北返，暖日可期。

亭前垂柳，珍重待春风。

自然趣味活动
创意九九消寒图

九九消寒图的一种

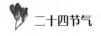

活动设计

活动框架		具体内容
主题		创意九九消寒图。
设计意图		冬至过后,我们进入了数九寒天。古人为了熬过漫长的冬天,发明了一种消寒待春、消磨时光的涂色游戏——九九消寒图,一天一涂色,一天一种发现。消寒图是什么样的呢?应该怎么绘制?围绕这些问题,引导学生认识九九消寒图,读懂蕴含的天气变化规律,以及和生活的关系,并绘制属于自己的消寒图。
活动目标		1.了解冬至节气基本知识; 2.认识、读懂九九消寒图和背后的知识,了解与生活的关系;知道可以用不同方式绘制消寒图。
活动准备		不同样式的消寒图,A4纸,建议单、黑色水笔,彩铅,绘画本。
活动流程	准备阶段	1.了解冬至节气河湟谷地的物候; 2.趣味问答:冬至节气时还能看到哪些动物在活动?
	文化活动	1.了解冬至; 2.九九消寒图——我来学(了解消寒图的由来); 3.九九消寒图——我来画(课上填涂传统消寒图); 4.九九消寒图——我创意(在了解消寒图由来和原理的基础上,发挥创意设计一份属于自己的九九消寒图); 5.课后拓展:调查家乡的冬至习俗。

在湿地的不同地方活跃着不同的鸟儿;
即便是在同一个地方,不同季节也可能看到不同的鸟类。
有些鸟儿一年四季都可以看到,比如绿头鸭,斑嘴鸭,它们是留鸟;
有些鸟儿来过冬,春天离开,叫做冬候鸟,比如大天鹅;
有些鸟儿春夏来,秋天离开,叫做夏候鸟,比如白骨顶、黑水鸡。

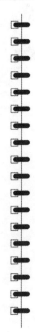

来自大自然的温馨提示:

我们可以观察不同鸟儿的"衣食住行唱",也就是五彩缤纷的外形、不同种类的食物,它们的筑巢和哺育鸟的行为、飞行能力怎么样、还有形形色色的叫声。

野生鸟类需要足够自由和安全的栖息空间,为了保护湟水这片城市中来之不易的鸟儿乐园,我们只是安静、耐心地观察、记录鸟儿就好,不要大声喧哗、驱赶它们,也不要投喂来改变它们的生活习性,与鸟儿保持合理距离是一种爱和尊重。

青海西宁湟水国家湿地公园四季常见鸟类及观鸟注意事项

第五节　小寒

　　小寒是冬季的第五个节气。这时候进入了一年中最后一个农历月份，也就是腊月，开始度过寒冷的"三九"，青海所在的北方也进入了一年当中气温最低的一段日子。

小寒往往是我国北方地区一年当中气温最低的时候

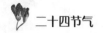

节气读本

小寒——冰与火之歌

每年1月5~7日，阳历新年迎来第一个节气——小寒。小寒的英文是minor cold，minor是较小的，轻微的意思，它与大寒、小暑、大暑、处暑等节气一样，都是通过名字反映气温高低的节气。从小寒开始，即将进入"三九"和"四九"，也是我国一年中最寒冷的时段。

从名字上来看，小寒应该比大寒暖和点儿，南方的朋友纷纷表示同意，但北方民间一向有"小寒胜大寒"的说法，这又是怎么一回事呢？到底谁是一年之中的寒冷之王——让我们看看小寒与大寒的比拼吧！

第一回合，"小寒胜大寒，常见不稀罕"：我国从1951年以来的长期温度统计显示，北方确实有42%的年份小寒比大寒时更冷，有34%的年份两者不分上下，大寒更冷的年份只有24%。根据历史数据，北方大部分地区一年中最冷的时间段是每年阳历的1月中旬（10~20日），刚好是小寒和"三九"的这段时间，民间总结经验也有"冷在三九"的说法。所以第一回合，在我国北方，是小寒更冷一些。

第二回合，"小寒大寒，冷成冰团"：北方冷在"三九"，但我国南方地区最冷的时候却要等到"四九"天，从1951年开始记录的69年历史气象数据看，南方大部分地区在"四九"时比"三九"更冷。大寒节气一般从1月20日（1月下旬）开始，"四九"时刚好处在大寒节气内，因此南方大部分地区的大寒比小寒时更冷。于是第二回合，在我国南方，大寒更冷。

实际上还有一些特别的情况，比如在我国西南很多地区，最冷的时候既不在小寒，也不在大寒，而是在12月底的冬至前后，所以在这些地区大寒和小寒谁也没赢。

影响气候的因素非常多，我国又幅员辽阔、地形多样，所以在寒冷和节气物候方面，不能抱着刻舟求剑、以偏概全的态度，要放宽视角，从地域、时间等各维度去科学、变化地审视。

背后看不见的大手：我们看了南北方的数据，又收集了民间的经验，但到底是一双怎样的大手在背后"操作"，造成小寒、大寒南北方的差异呢？

其实很简单——

冬至以后太阳直射点虽然开始向北移动，但它在第二年春分前都还位于南半球，这段时间内北半球的热量始终处于散失的状态，白天吸收的热量还是少于夜晚释放的热量，因此冬至之后，北半球的温度还在持续降低，小寒、大寒就成为一年中最冷的两个节气。

小寒期间，东亚大槽、蒙古冷高压和阿留申低压等几个能对我国产生重大影响的天气系统或大气活动中心变得特别强大而稳定，配合着最强的西风，给我国北方带来密集的大风降温，所以北方在小寒期间相对更冷。

此时，南方受影响还比较小，但大寒期间，强大的冷空气寒潮持续南下，于是南方经过轮番降温，在大寒进入最冷的时期。

无论南北方，小寒都意味着天地冰冷，但"天寒人不寒"，智慧的人们总会想办法去理解、抵御甚至利用严寒。零下40~30℃的北方，人们把户外变成大冰箱和冰雪游乐场，南方的人们积极开展跳绳、踢毽子等小运动来活动筋骨。南北方的人们都会在这段时间进补羊肉，让身体里像燃烧着一团火苗，红红火火到新年，自然给予我们的智慧与韧性源远流长。

缓缓地，缓缓地，
太阳直射点近了，
北半球在经受黎明前最后的考验。
冰天雪地与内心的火苗，
是大自然循环不息的一首歌。
欢快地享受吧，
新一年的生长有我有你！

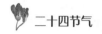

自然趣味活动
寻踪湟水动物

寒冷的冬季湟水湿地的常见环境

 活动设计

活动框架		具体内容
主题		寻踪湟水动物。
设计意图		大寒时节的湟水湿地看起来非常"安静",是不是动物们都冬眠了呢?围绕冬季动物的行为这一主题,引导学生学习自然观察和记录的基本方法,思考、讨论和总结出冬季动物的行为特点,懂得动物生存的不易,萌生保护它们的意愿。
活动目标		1.了解大寒节气的基本知识; 2.了解湟水湿地常见动物在冬季的行为特点和类型; 3.学习自然观察和记录的基本方法。
活动准备		湟水自然笔记本,望远镜,铅笔或彩色铅笔。
活动流程	准备阶段	1.了解大寒节气河湟地区的物候; 2.图片分类游戏:按冬天的动物行为类型给湟水湿地的常见动物分类。
	自然观察和记录活动	1.走进湟水,打开五感来观察; 2.学习做一份生动的自然笔记; 3.分组讨论,看看大家观察到了哪些动物,讨论它们和看不见的动物有哪些行为(冬眠、迁徙、留守;觅食、活动等); 4.画一幅冬季湟水动物行为分类图。

第六节　大寒

大寒是二十四节气的最后一个节气，也是冬季的结尾。但这时候青海的气温仍然很低，冰雪离消融还有很久，人们还可以享受在天然冰雪上运动带来的快乐。

滴水成冰的大寒时节

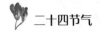

大寒——滑着冰玩着雪，就到春天啦！

1月19～21日，总会迎来农历冬季最后一个节气——大寒。《月令七十二候集解》里讲过："大者，乃凛冽之极也"，大寒代表了冬天的极致，因此它的英文名称是major cold。

坚冰之下，阳春渐生：再过十五天，历经一年的春夏秋冬，一个完整的二十四节气循环就要收尾啦！那时冬去春来，我们即将迎来新一年的第一个节气——立春。

不过此时，青藏高原离真正的春暖花开还有很久，户外的水面（比如，河水湖水）在一年当中冻得最坚实，背阴处的积雪长期不化，冰雪带给大家特别是孩子们无穷的乐趣。

天赐的冰雪乐园：高原上的寒假相对比较长，笔者的童年寒假没有很多课外班，却从来不会宅家躲风寒，每天都会被爸爸带着去人民公园滑一上午冰。大人们穿着带速滑刀的冰鞋在湖面上一圈一圈风驰电掣，笔者就穿着带花样刀的冰鞋和小朋友们转来转去；还有很多人笑呵呵地划着自制小冰车玩，或者用绳子把木做的冰陀螺打得飞一样地旋转去；没有这些用具的人们也不寂寞，在冰上你拽我我推你，照样玩得开心；有时候大家兴致高了，几十个互相不认识的人会很默契地一个一个手搭着前面人的肩膀，形成长蛇阵，大伙儿在冰面上步调一致地共同滑行，都像孩子一样哈哈大笑，特别有趣。

不论天有多冷，在冰雪乐园里，每个人的脸上都洋溢着发自内心的笑容。高原虽然冬天漫长，但冰天雪地里滑行追逐、摸爬滚打的独有乐趣让大家都成为大自然中的孩子。在青海西宁湟水国家湿地公园，更是可以观察到许多冰雪的奇迹，大雪中青松挺立，雪地上鸟儿留下的足迹，没有封冻的地方绿头鸭在游动觅食，这些都是将成为让你嘴角不由得上扬微笑的美好回忆。赶快放下手机和其他电子设备，约上亲朋好友，去湟水河畔的晶莹世界畅快地放松一下吧！

温馨提示：冰雪活动一定要选择安全的场所，不要到明令禁止活动、偏僻、存在危险的地区滑冰玩雪。

"大寒小寒，无风自寒"：现在，北边的寒潮频频南下，我国北方热量散发大于收入，正是数九寒天中的"四九"时候，大家还是需要注意保暖，不能轻易脱去暖和的衣物。

河湟谷地在小寒大寒期间是一年中降水最少的时候，其实这一点也不奇怪。主要原因是这段时间北方冷空气太强势了，压制住了西南的暖湿气流。不过，随着太阳直射点的继续北移，过段时间干燥寒冷的北风就会慢慢退回到它们的老家西伯利亚，温暖湿润的南风也有机会北上为我们带来一些降水。

坚硬的冰晶，

内心却活泼盎然。

它其实是个调皮的孩子，

最喜欢和你抱在一起玩耍。

你在冰上腾转跳跃，

春天在冰下即将梦醒。

来吧来吧，我们共同，

滑向新的一年！

自然趣味活动
雪中的国宝

冬季的自然风物宛若画作天成

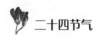

活动设计

活动框架		具体内容
主题		雪中的国宝。
设计意图		大寒时节，北方仍然处于冰天雪地之中，古今中国艺术家都喜欢创作冬季自然主题的画作，从这些作品中总能发现一些有趣的小细节，获得一些惊喜的"奇怪"知识，还能够看出当时的历史事件和时代特征。引导学生学习赏析中国画，从中了解自然、经济、技术、社会、历史等知识，获得探究和审美的乐趣。
活动目标		1.了解大寒节气基本知识； 2.通过几幅冬季主题名画，获得领域丰富的知识，陶冶审美情趣； 3.获得探究的乐趣，激发对历史和中国画的亲切感和喜爱。
活动准备		名画代表作复印图，湟水自然笔记本，彩铅。
活动流程	准备阶段	1.了解大寒节气河湟谷地的物候； 2.趣味讨论：你知道哪些关于大寒节气的诗作呢？
	文化活动	1.初步了解如何赏析一幅自然主题的中国画； 2.名画中的层层奥秘； 3.分享自己喜爱的中国画； 4.画一幅此时户外的风景画。

附录1：青海西宁湟水国家湿地公园二十四节气风土志海报——草木历、观鸟历

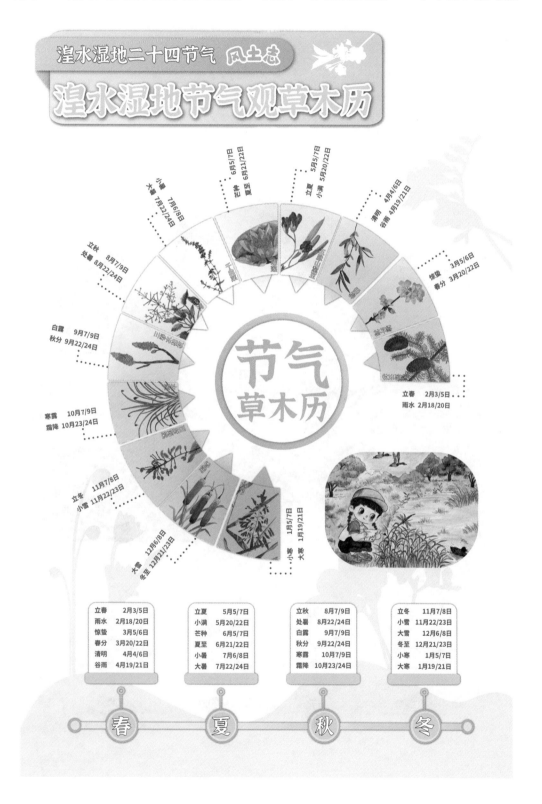

湟水湿地二十四节气 风土志
湟水湿地节气观鸟历(上)

芒种　6月5/7日 —— 小鸊鷉
夏至　6月21/22日 —— 白骨顶
小暑　7月6/8日 —— 普通翠鸟
大暑　7月22/24日 —— 牛背鹭

清明　4月4/6日 —— 绿头鸭
谷雨　4月19/21日 —— 普通秋沙鸭
立夏　5月5/7日 —— 斑嘴鸭
小满　5月20/22日 —— 凤头鸊鷉

立秋　8月7/9日 —— 黑水鸡
处暑　8月22/24日 —— 文须雀
白露　9月7/9日 —— 罗纹鸭
秋分　9月22/24日 —— 红头潜鸭

立春　2月3/5日 —— 鸳鸯
雨水　2月18/20日 —— 鹊鸭
惊蛰　3月5/6日 —— 大白鹭
春分　3月20/22日 —— 赤麻鸭

寒露　10月7/9日 —— 渔鸥
霜降　10月23/24日 —— 戴胜
立冬　11月7/8日 —— 反嘴鹬
小雪　11月22/23日 —— 黄头鹡鸰

大雪　12月6/8日 —— 大天鹅
冬至　12月21/23日 —— 太平鸟
小寒　1月5/7日 —— 苍鹭
大寒　1月19/21日 —— 黑鹳

立春	2月3/5日
雨水	2月18/20日
惊蛰	3月5/6日
春分	3月20/22日
清明	4月4/6日
谷雨	4月19/21日

立夏	5月5/7日
小满	5月20/22日
芒种	6月5/7日
夏至	6月21/22日
小暑	7月6/8日
大暑	7月22/24日

立秋	8月7/9日
处暑	8月22/24日
白露	9月7/9日
秋分	9月22/24日
寒露	10月7/9日
霜降	10月23/24日

立冬	11月7/8日
小雪	11月22/23日
大雪	12月6/8日
冬至	12月21/23日
小寒	1月5/7日
大寒	1月19/21日

春　　夏　　秋　　冬

湟水湿地二十四节气 风土志
湟水湿地节气观鸟历（下）

芒种 6月5/7日 —— 小䴙䴘
夏至 6月21/22日 —— 白骨顶
小暑 7月6/8日 —— 普通翠鸟
大暑 7月22/24日 —— 牛背鹭

清明 4月4/6日 —— 绿头鸭
谷雨 4月19/21日 —— 普通秋沙鸭
立夏 5月5/7日 —— 斑嘴鸭
小满 5月20/22日 —— 凤头䴙䴘

立秋 8月7/9日 —— 黑水鸡
处暑 8月22/24日 —— 文须雀
白露 9月7/9日 —— 罗纹鸭
秋分 9月22/24日 —— 红头潜鸭

立春 2月3/5日 —— 鸳鸯
雨水 2月18/20日 —— 鹊鸭
惊蛰 3月5/6日 —— 大白鹭
春分 3月20/22日 —— 赤麻鸭

寒露 10月7/9日 —— 渔鸥
霜降 10月23/24日 —— 戴胜
立冬 11月7/8日 —— 反嘴鹬
小雪 11月22/23日 —— 黄头鹡鸰

大雪 12月6/8日 —— 大天鹅
冬至 12月21/23日 —— 太平鸟
小寒 1月5/7日 —— 苍鹭
大寒 1月19/21日 —— 黑鹳

节气观鸟历

立春	2月 /5日	立夏	5月5/7日	立秋	8月7/9日	立冬	11月7/8日
雨水	2月 /20日	小满	5月20/22日	处暑	8月22/24日	小雪	11月22/23日
惊蛰	3月5/6日	芒种	6月5/7日	白露	9月7/9日	大雪	12月6/8日
春分	3月20/ 日	夏至	6月21/22日	秋分	9月22/24日	冬至	12月21/23日
清明	4月4/ 日	小暑	7月6/8日	寒露	10月7/9日	小寒	1月5/7日
谷雨	4月 /21日	大暑	7月22/24日	霜降	10月23/24日	大寒	1月19/21日

春　夏　秋　冬

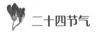
二十四节气

附录2：青海西宁湟水国家湿地公园湟水四季自然笔记本

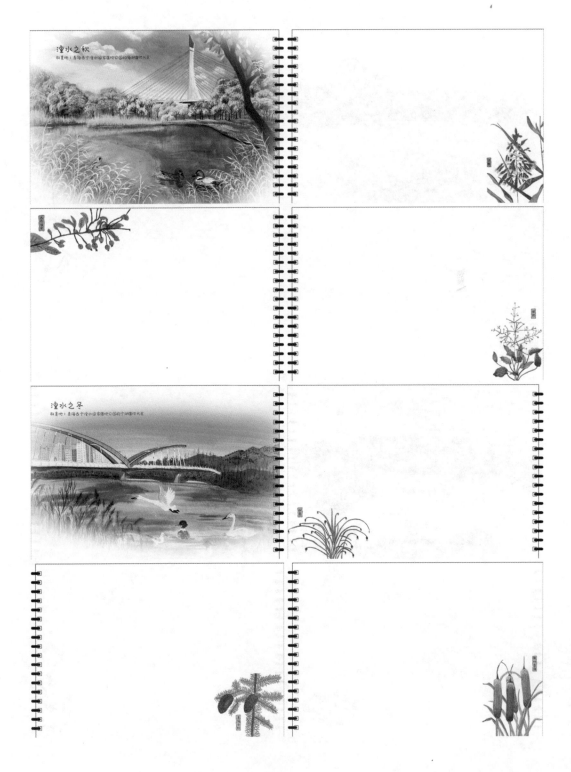